北京市科学技术协会科普创作出版资金资助

U0168036

航天员的奇妙生活

闻 新 宋华华 张家玉 周 露 著

北京航空航天大学出版社
BEIHANG UNIVERSITY PRESS

内 容 简 介

太空环境与地球环境截然不同。当航天员进入太空后会遇到哪些有趣的、不可想象的，或者是十分尴尬的问题呢？本书将介绍航天员的学习、训练、工作，以及在空间站里的生活情况，包括航天员的身体变化、习惯变化和思维变化等问题，特别是航天员在太空生活中的烦心事和新鲜事。针对目前备受关注的火星科学问题，通过信息图和艺术绘图相结合的方式将人类的火星探索历程悉数展开。"动手设计空间站"让读者在动手操作中开启自己的科学创意和想象力。

本书内容生动有趣，并配有精心挑选的百余幅插图和科普大图，还能扫描二维码观看讲解视频。本书不仅适合于小朋友、青少年阅读，也适合于航天爱好者及相关领域的技术人员参考。

图书在版编目（CIP）数据

航天员的奇妙生活/闻新等著 . -- 北京：北京航空航天大学出版社，2021.5

ISBN 978-7-5124-3513-1

Ⅰ.①航… Ⅱ.①闻… Ⅲ.①空间探索—普及读物

Ⅳ.① V11-49

中国版本图书馆 CIP 数据核字（2021）第 084279 号

航天员的奇妙生活

闻 新 宋华华 张家玉 周 露 著

策划编辑 蔡 喆 龚 雪 责任编辑 董 瑞

*

北京航空航天大学出版社出版发行

北京市海淀区学院路 37 号（邮编 100191）http://www.buaapress.com.cn

发行部电话：（010）82317024 传真：（010）82328026

读者信箱：goodtextbook@126.com 邮购电话：（010）82316936

艺堂印刷（天津）有限公司印装 各地书店经销

*

开本：710×1000 1/16 印张：10 字数：143 千字

2021 年 5 月第 1 版 2021 年 5 月第 1 次印刷

ISBN 978-7-5124-3513-1 定价：59.00 元

前　言

　　航天梦、飞天梦是中华民族文明的重要组成部分。探索宇宙、拓展生存疆域是人类自古以来的强烈愿望，它激发人类不断努力，把一个又一个梦想变为现实，并极大地推动了科技进步，展现了人类过人的智慧、非凡的勇气和无与伦比的能力。

　　探索神秘的太空是一个永恒的主题，飞向遥远的太空是不变的追求。本书围绕人类飞向太空所面临的问题，从国内外大量文献资料中整理并归纳出150多个知识点，包括航天员的学习、训练和工作情况，以及在空间站里的日常生活，特别是针对航天员在进入太空生活后的身体变化、心情变化和生活习惯改变等问题，如航天员在太空中如何识别方向、能否剪指甲、流泪怎么办等。

　　本书所涉及的内容来自于航天员的真实经历，视角新颖独特，是一本结合文字与绘画的太空旅行知识读物，也是一本全面讲述航天员太空生活与工作的绘画读本。

　　本书不仅适合小朋友、青少年阅读，同样也适合航天爱好者，以及相关领域的技术人员阅读，尤其是对于希望未来从事航空航天事业的青年学生具有相当的指导作用。本书也可作为教辅使用，书中部分内容来自于作者创建的国家在线精品课"航天、人文与艺术"、江苏省在线课程"我从地球来"的辅导材料以及北京理工大学珠海学院"走进航空航天"课程的教材。

　　本书由北京理工大学珠海学院自动化专业负责人闻新教授撰写。在编写过程中，孙家栋院士和戚发轫等院士提出了许多宝贵的建议，还得到了原中国航天科工集团公司总经理夏国洪先生的鼓励。本书部分文字内容曾在《太空探索》杂志、《航天员》杂志和中国航天报发表，南京航空航天大学、沈阳航空航天大学、南京财经大学的部分大学生们在文字方面付出了无私的劳动。本书的插图制作得到了孙立新、宋华华、张家玉的帮助，闻新和周露提供了来自 NASA、欧空局和加拿大宇航局等国外网站的照片。此外，本书还获得了北京市科学技术协会科普出版专项资金的支持，这与北京航空航天大学出版社赵延永老师所领导团队的努力是分不开的，衷心地感谢他们对本书结构和内容提出的许多宝贵建议。

作　者

2021 年 1 月

目　录

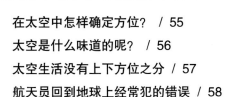

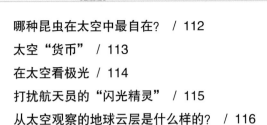

① 走进航天员学校

　　众所周知，太空环境不同于地球环境，所以航天员在接受飞行任务之前，需要进入航天员学校接受培训，培训内容包括体质锻炼、理论知识学习、心理和生存训练、太空环境下的耐力和适应性锻炼等。未来，科学家和游客也可以进入太空飞行，但也需要经过常规训练，只是训练内容比航天员少，时间也较短，大约仅需要半年左右。

飞天前的理论课学习

扫码观看
讲解视频

航天员学习太空探索和航天器飞行知识与技术

航天员的工作内容不仅专业，而且非常复杂，其中包括飞船驾驶、太空科学实验和飞船舱内及舱外维护等任务。因此，航天员必须了解太空环境，学习宇宙知识和空间生活技能，掌握航天系统工程理论，具备航天器故障排除、分析与处理的能力。除此之外，他们还要学习航天医学知识，具备太空自救能力等。

体能训练

由于太空环境不适于生命存活，为了适应太空环境，航天员常通过滚轮、跑步机、举重和下体负压设备进行训练，这样才能保证航天员的各项生命指标，如体重、心率、血压、体温等在适当范围内。另外，火箭是人类实现飞天梦想的桥梁，飞船是靠火箭推进太空轨道的，火箭发射成本约为每千克1万美元。所以，从这一点上看，航天员体重也不宜太重。

航天员进行体能训练和测试

模拟操控太空飞船

不同于普通的交通工具，载人飞船通常按照预定的程序自主飞行，但有时也需要航天员手动控制飞船。飞船驾驶舱有许多按钮、操纵杆和仪表等。因此，航天员在飞行之前，要学习并熟练掌握驾驶飞船的技术，如学会实时监测飞船各系统的运转情况、与地面通信、及时排除故障、控制飞船的姿态、修改飞船的运行程序以及完成各种应急的飞行预案任务。

学习操作和控制航天器

逃生大演练

在载人航天飞船的飞行过程中，针对各阶段可能发生的危险情况，航天工程师设计了相应的航天员逃生方案。在发射过程中，如果火箭燃料发生泄漏和着火，航天员可以通过逃逸滑道或防爆电梯撤到安全区域；如果发生火箭倾倒，航天员可以通过逃逸塔脱离火箭发射架。当飞船在轨飞行时，如果座舱发生泄漏事故，压力突然降低，航天员可以穿上舱内航天服，接通舱内供氧系统，确保生命安全。在空间站发生险情的情况下，航天员需要迅速进入逃生舱，躲避和远离空间站。

危险情况下的逃生训练

水下失重训练

在太空中，航天员处于较长时间的失重状态，为了适应这种状态，航天员训练的一个重要内容就是失重环境的模拟训练。目前，最有效的失重训练手段是在水下环境进行。训练过程中，航天员需要穿水下航天服，然后进入一个水池，由工作人员在其身上加装铅块，最终达到悬浮的状态。在这种情况下，航天员的感觉与太空中的失重状态相似。

水下模拟失重环境

形形色色的工具

　　航天员工作涉及各种工具的使用，如在维修飞船时需要使用一些特殊的工具。航天员做维修和维护工作时，需要配备一个工具运送器，它可以方便航天员在失重环境下取用工具。工具运送器主要包括工具箱、小型工作站、供应品存储装置和货仓存储装置。小型工作站为航天员的舱外活动提供了放置工具的场所，每件工具都被一条收缩绳子系在工具箱上，以防止工具乱飘。每样工具都具有独特的功能，有的还可以相互组合。因此航天员在培训时要学习各种工具的使用方法。

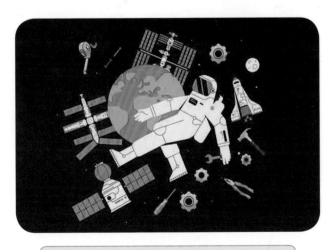

航天员学习各种工具的使用方法

新老航天员交流会

　　对每个新航天员来说，太空工作环境是非常陌生的，每一次太空飞行都能获得许多宝贵经验。因此那些老航天员就是航天员队伍建设中的老师，如我国在进行首批航天员培训时，经常请来俄罗斯老航天员与中国航天员进行座谈交流。后来，杨利伟、翟志刚和费俊龙等一批中国老航天员结合自己的飞天经历，又向新一批航天员传授了许多宝贵经验。

新航天员与老航天员的交流

伊万卡·特朗普想当航天员

2018年9月26日，美国前总统的女儿伊万卡·特朗普参观美国宇航局航天员训练中心和飞行控制中心，在与国际空间站进行视频连线时说："我可以代表所有人说这句话。你们在激励着我们，你们在做我梦想做的工作，我一直想去太空，梦想成为一名航天员。"

伊万卡参观美国宇航局航天员训练中心和飞行控制中心

② 预备！飞向月球

　　登上月球是人类最有魅力的梦想，100多年前著名作家儒勒·凡尔纳创作出一部长篇小说《从地球到月球》，书中设想使用"哥伦比亚大炮"把三个人送上月球。但直到150年后，人类才成功实现了这一大胆的设想。1969年7月21日，美国宇航员阿姆斯特朗乘坐"阿波罗11号"飞船成功登上月球，道出了那句流行至今的名言："这是我个人的一小步，却是人类的一大步。"

深度学习月球知识

登月航天员在执行任务之前，首先需要详细地了解月球，深度地学习月球的相关知识，如月球的表面特征、温差、公转、自转、磁场等。这些知识是航天员成功执行任务的基础，如驾驶"阿波罗11号"飞船的航天员在登月舱着陆静海的瞬间，发现原计划着陆地点是个深坑，于是紧急手控登月舱，安全地着陆到附近的平坦区域，否则落入月球深渊就回不到地球了。在登月之前，要对月球的重力和土壤环境有足够的认识，如登上月球感觉身体轻飘飘，走路像是踏在弹簧上，脚下满是尘埃。回眼望去，眼前那颗美丽的蓝色星球就是地球。

航天员需要深度学习月球知识

技能训练之航天员设备组装

　　航天员在登月前，要充分学习如何在月球表面使用各种采样与勘探的机械设备，如为取得月球表面岩石等样品，需要用钻机、钻头、岩心管、钻杆等工具，"阿波罗12号"和"阿波罗17号"飞船的航天员都曾利用登月舱的钻机对月球表面进行钻探取样。

　　航天员在登月前不仅有工具的使用训练，还有技能训练，如"阿波罗17号"飞船登月后，航天员利用干式作业的月面钻机，在月表钻了3个深度为2.5～3米的钻孔，并在其中两个孔内安装了测温探头，以便探测月球的热量，在另一个孔中用取心管和钻头取得了月壤和月岩样品。

全副武装的航天员练习组装月球的勘探设备

13

登月舱扶梯初体验

走下登月舱的扶梯，是航天员出舱过程中的重要环节，因此需要建立与月表环境相似的实验场地，以方便航天员进行训练。综合考虑多方面因素，认为沙漠最适宜用来模拟月表环境。别小瞧走下扶梯这个动作，第一个登上月球的阿姆斯特朗花了9分钟才走下仅有9个阶梯的登月舱扶梯，为什么走这么慢？至今还是一个疑问。科学家认为原因不会是地面训练不到位，因为阿姆斯特朗在执行任务之前，已经重复上千次这个动作了。

登月舱扶梯训练

舱外活动的训练

　　舱外活动是指航天员在飞出地球大气层后，出舱所执行的任务。目前，舱外活动主要包括太空行走和一些月表活动。进入太空之前，航天员必须按照具体任务的内容，在地球上对舱外活动中的每个动作进行模拟训练。模拟训练的场地有室内实验室、沙漠和水下实验场，训练内容主要包括出舱、舱外作业和返回这三个过程。通过模拟实验，登月的航天员将学会如何走出舱门并在月球表面行走。

航天员进行舱外训练

学习驾驶月球车

月球车是一种在月球表面行驶的专用车辆，它能用于执行月表探测、巡视和采集样品等多个复杂任务，月球车包括无人驾驶月球车和有人驾驶月球车两种。有人驾驶的月球车可以扩大航天员的活动范围，从而节省航天员的体力，还可便于航天员随时存放收集到的月岩和月壤样品。在训练的沙滩上，航天员通过操控手柄驾驶月球车，实现向前、向后行驶，以及转弯和爬坡等。月球车驾驶训练有一定难度，有时可能会发生翻覆的事故。另外，月球车上还配备了彩色相机和通信设备，航天员还要学会向地球实时传输月表工作的图像，以及从月球返回地球时登月舱上升喷气的图像。

学习驾驶月球车

练习采集月球岩石和土壤

　　月球表面的样品采集不是简单地将石子和土装满箱子，而是要根据搭载航天员和样品的登月舱离开月球时所能承受的质量，因此要利用样本秤仔细称量样品的质量。航天员采集样品时有专门的工具，如夹钳、月面耙、采样铲和采样管等，这几种工具安装有延长把手，方便航天员在穿着舱外航天服工作的情况下，不用弯腰或下蹲就能完成样品的采集。其中，夹钳方便夹取约拳头大小的样品；采样铲便于采集体积过小而不易用钳子夹取的样品，也可用于收集泥土；表面采样器还可以收集更加微小的样品。

练习采集月球样品

航天服颜色的奥秘

登月航天员的航天服有两种颜色，分别是橘红色和白色，它们都分别有什么作用呢？其实两者的使用环境有所不同。橘红色航天服只在登月航天器通过大气层升空和返回的过程中穿戴，它的作用是保护航天员在飞船出现意外时免受伤害。橘红色航天服有水和空气供应系统，并装配有应急生存物资和降落伞，橘红的颜色也便于救援人员搜救从月球返回的航天员。而白色航天服主要用于登月航天员执行舱外活动时穿戴，它能提供水、氧气、适当的压力和温度，在舱外环境中阻隔太空辐射，保护航天员的安全。

身穿橘红色航天服的航天员正在演练救生过程

国际空间站招募新航天员啦！

从 2020 年 3 月 2 日到 3 月 31 日，美国宇航局将接受新航天员的申请，新招募的航天员是美国航空航天局的第 23 届航天员候选人。候选人的资格认证条件是非常严格的，申请者应该拥有科学、技术、工程或数学领域的硕士学位或同等学历，这些领域可以包括工程、生物科学、物理科学、计算机科学或数学。第 23 届航天员候选人的训练与以往不同，他们还要接受前往空间站的任务训练，只有顺利完成空间站训练任务的航天员才有资格去月球。

在国际空间站上接受任务训练的登月航天员

登上月球

　　今天，人们知道太阳系的大多数行星和部分小行星都有自己的卫星，然而，在 1610 年伽利略发现木星有卫星之前，人们认为只有地球才有自己的卫星，所以许多国家都给月亮起了一个美丽的名称，比如在意大利语、拉丁语和西班牙语中称月亮是"Luna"，在法语中是"Lune"，在德语中是"Mond"，在希腊语中是"Selene"。

　　月球属于谁？可能很多人都觉得这是一个很荒谬的问题，但随着太空商业化，未来太空资源的竞争会越来越激烈，月球等太空资源将会成为越来越多国家所争夺的对象。按照 1967 年国际空间法（International Space Law）的探索及自由使用原则，太空资源属于全世界共有的资源。

登上月球的航天员

③

空间站里的一天

　　航天员进入太空后，首先要解决的就是维持生命的问题。太空中不仅缺乏氧气，而且还存在致命的辐射问题，这给航天员的生活带来了很大麻烦。本章将告诉读者航天员们在空间站里生活一天所要做的事情。

航天员的洗脸刷牙

扫码观看
讲解视频

　　在太空失重的环境下，航天员们的日常清洁极为有趣。通常，航天员使用的洗发液是干洗型的，失重环境使得洗发液呈颗粒状，可以很容易带走头发上的污垢。干洗完成后只需要用纸巾或毛巾一擦，就完成了整个清洁过程。另外，航天员刮胡须时，会使用类似吸尘器的特殊装置，这样可以避免碎渣乱飘。航天员的洗漱用水需要回收处理成干净的水，从而实现循环再利用。

航天员正在洗漱

航天员的大小便

在太空里，航天员想解决大小便问题不是一件容易的事情。空间站的卫生间是十分独特的，卫生间里的马桶不仅要求尺寸合适，还要具备将大小便吸出的能力。航天员的大小便是被分开处理的，马桶中央有一个管道，可以产生足够大的吸力将粪便吸走；小便时则需要使用马桶上的吸尿管，尿液由这根管子进入储尿箱。被收集的粪便会经烘干焚烧后带回地面处理，而被收集的尿液会先储存在一个约 20 升的容器里，然后定期向空间站外的太空中排放，也可以回收净化为干净的水，被重新利用。

航天员在太空中大小便

航天员的身体锻炼

长期处于太空失重环境中，人的身体会产生肌肉萎缩、骨质流失等现象，这主要是由于血液向头部转移造成的。为了保持身体健康，每天锻炼对航天员来说是必不可少的。脚踏自行车可以锻炼航天员的腿部肌肉，太空中的自行车是没有座位的，自行车骑手的负荷可以设置，在负荷最重的情况下，航天员踏步两分钟就会感觉像爬了一座小山一样累。航天员还可以在跑步机上跑步，但要先将自己绑在跑步机上，否则就会跑着跑着飞起来，通常要求航天员每天跑 4~5 千米。

> 航天员在太空中每天会花两小时锻炼

 # 航天员的饮食

在太空中，营养均衡的饮食不仅能为航天员提供能量，还可以补充流失的钙和因失重造成的血细胞和肌肉组织损耗。空间站中的多数食物被存于"牙膏管"中，航天员吃的时候需要一点点挤到口中，这样的设计在失重环境下十分方便。近年来，随着科学技术的发展，太空食品的种类也更加丰富，除了这种膏体食物，还包括一些脱水食物、低温或冷冻的自然形态食物、包装和罐头类储藏食物等。微波炉与电磁炉的发明更是为航天员加热食物提供了便利。

航天员正在吃牙膏状的太空食品

航天员的娱乐

空间站上有生活舱，它是航天员吃饭、睡觉和休息的地方。航天员往往需要在太空中生活两三年的时间，对于身处狭小封闭空间的航天员来说，保持心理健康也是十分重要的，所以需要经常开展一些娱乐活动来减压和放松。航天员可以通过弹奏乐器、玩象棋等方式自娱自乐，调节心情。此外，空间站里的起床铃声每天都不一样，铃声通常是由航天员或航天员的亲朋好友点播，并且是从地球的航天中心发射的，这样有助于航天员保持乐观的心态。

航天员正在放松休息

航天员与家人、朋友的聊天

空间站环绕地球时经过每一地区上空的时间都不会太长，数据传输环境也是实时变化的，而数据传输量又很大，因此既需要长距离移动无线通信，也需要短距离移动无线通信，这样才能把空间站和地面通信系统链接起来。精心设计的数据通信系统可以使空间站经过所在国家上空时直接与之通信，不在所在国家上空时可以通过中继通信卫星转发。

当然，地面还要有一套接收天线。航天员还可以通过通信系统与地面的家人、朋友联系，这可以减轻空间站的封闭环境对航天员心理健康的负面影响。

航天员正与家人聊天和通话

航天员的睡觉

由于太空中失重环境的影响，航天员站着和躺着是没有区别的，睡觉时也不需要保持躺下来的姿势。他们只需要钻进睡袋里，拉上拉链就可以睡上美美的一觉。睡袋可通过钩子与束缚带固定在舱壁上，防止熟睡时飘来飘去，甚至做噩梦。为节省空间，睡袋可以在平时卷起，睡觉时才放开。

与地面相比，空间站中的昼夜更替更加频繁，比如"天宫二号"每90分钟绕地球一圈，一天中经历16次日出日落，所以航天员睡觉时需要戴上眼罩和防噪声耳罩以便于入睡。

航天员钻进睡袋睡觉

④

开工！忙碌的空间站工作

太空是个充满魅力的神奇世界，在运行于轨道上的空间站里工作一天，会发生哪些有趣的故事呢？让我们一起跟随航天员们在空间站里工作一天，看看他们所要做的工作有哪些。

航天员的在轨维修任务

　　航天员有时也需要到舱外执行任务，比如对空间站外部部件进行维修，维修对象包括舱外的电子器件和机械部件。舱外维修时，航天员需要穿好航天服，然后打开气闸舱舱门，系上安全绳。气闸舱有内外两层闸门，及时开启和关闭闸门可以防止宝贵的空气跑出空间站。航天员所穿的航天服带有保证供氧的氧气－二氧化碳循环装备和维持适宜人体温度的温控设备，头盔上还有防止阳光刺眼的太阳防护罩。

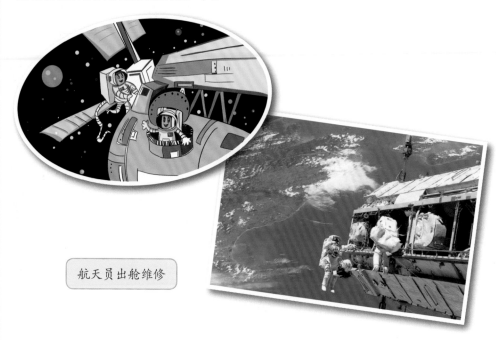

航天员出舱维修

培育太空植物

空间站的实验室具备很多地球实验室所不具备的条件，比如失重的环境与辐射影响等。航天员在空间站中的一项重要工作就是进行各种太空实验，如太空种植就是其中之一。

空间站有一套新鲜食品"生产线"，为了满足植物生长过程中所需要的光照条件，用红、蓝、绿三色 LED 光线照射植物。植物生长在含有介质和肥料的培养袋中，袋子表层具有毛细血管的作用，使得肥料营养进入植物体内。2014年航天员成功地种植出了红色长叶莴苣。

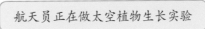
航天员正在做太空植物生长实验

31

清理空间站灰尘

空间站中的灰尘会因失重而四处飘浮，直到被某个物体阻挡并附着在上面。为防止灰尘造成仪器损坏，航天员需要定期清理灰尘。航天员用来清理灰尘的装置叫作真空吸尘器，它内部有一个电动抽风机，通电后吸尘器内部将瞬间变为真空，内部的气压大大低于外界的气压，在气压差的作用下，灰尘和脏东西随着气流进入吸尘器桶内，再经过集尘袋的过滤，最后尘垢被集尘袋收集，净化后的空气则经过电动机重新回到室内。

航天员正在清理机器上的灰尘

接收地面补给物品

　　空间站所需的物品都是用货运飞船从地面运送上去的。为了接收货运飞船的货物，首先空间站要同货运飞船对接，国际空间站部署了数个对接口，可同时停泊几艘飞船或航天器。航天员通过对接口，完成物品的接收和新老航天员的更换。

　　在对接过程中，航天员需要在舱内通过观察窗调节空间站的位置，进而实现手动对接。对接时，两个飞行器的对接机构先接触，然后锁紧装置逐渐将它们拉拢锁紧，使对接口密封。

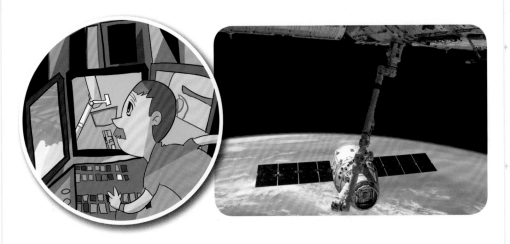

航天员在舱内引导货运飞船接近空间站

整理空间站物品

完成与货运飞船的对接后，航天员可以打开舱门将补给物品搬运进空间站内并进行整理。这些物品包含航天员生活所需的日用品、食品、科研设备，甚至活体实验动物等。在整理过程中，飞船还会根据空间站需求对其进行燃料补给和舱内气体补充。航天员将物品从货运飞船搬出，然后将废弃物倒入货运飞船，使其随货运飞船坠入大气层烧毁。物品运送是空间站地面后勤保障中十分重要的环节，它能延长航天员在太空的驻留时间与空间站的工作寿命。

航天员们正在整理补给物品

对地观测

对地观测也是空间站航天员们的工作任务之一。从空间站的观测窗口看地球时，能够看到许多独特而震撼的美景。至今为止，国际空间站的航天员已经拍摄了无数张精美绝伦的照片。比如 2006 年拍摄的著名照片"地球项圈"，向人们展示了位于北太平洋的607 个岛屿组成的奇特景观。

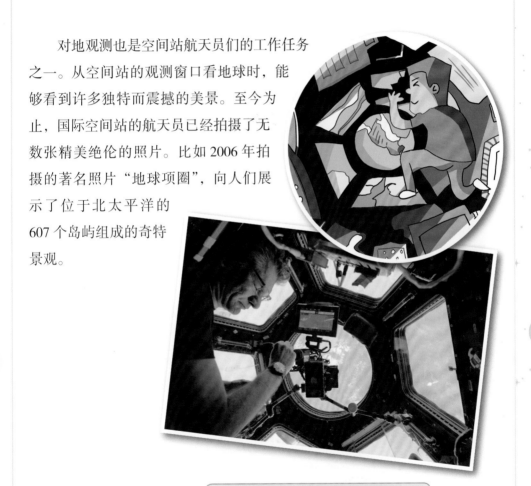

航天员在空间站中用相机拍摄地球

空间科学实验

空间站寿命长、空间大的特点也为未来建立空间工厂打下了坚实的基础。材料加工与生产是空间站的一个重要应用。航天员利用太空微重力、高真空、高洁净等环境，可以进行高纯度药品的空间生产，提炼无缺陷晶体和制造无泡沫合金等。在微重力环境下，液体中密度不同的成分不会发生沉淀和对流，采用电泳技术，可以大大提高生产效率、降低反应成本，如空间站制药速度是地球上的几百倍，砷化镓的生产成本仅为地球的1%。

开展空间科学实验

⑤

太空旅行真的很开心吗？

　　谈到航天员，人们就会想起他们只身前往一望无际的宇宙，发现一个又一个人们从没有见过的奇观，完成一系列神秘而又宏伟的任务，受到世界各国关注。但是，抛开这些看似很"爽"的光环，航天员在太空旅行中其实承受着各种各样的压力。

空间站里能不能剪指甲？

在太空中，任何事情都会变得复杂，比如吃饭、上厕所这样的小事都会变得无比麻烦。当然，剪指甲也完全一样。一不小心，空间站里面将会长时间飘浮一些难以打扫的锋利而尖锐的不明"飞行物"。

事实上，在太空中是可以剪指甲的，比如在国际空间站工作的航天员，在他们的太空舱内有一个专门剪指甲的地方，这个地方就是排风口（这里呈现负压），掉落的指甲碎屑可以被吸进去，不会在太空舱中飘浮，这样的话便可以避免指甲被吸入体内而造成危害。

加拿大航天员哈德菲尔德拍摄了在太空站的风道处剪指甲的视频

为什么航天员在太空不能看悲伤电影？

在太空看悲伤电影是有危险性的，如果航天员哭泣，因为没有重力，所以眼泪不会像在地球上那样掉下来，相反，眼泪会留在脸上，清理起来会有点疼。

加拿大航天员哈德菲尔德在国际空间站里做过一个流泪实验，他将水喷到眼睛上当作泪水，随着他喷的水越多，他眼睛上附着的水球就越大，而且不会往下掉。

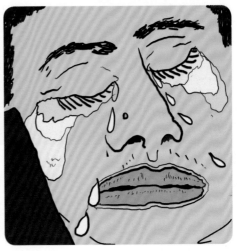

哈德菲尔德在国际空间站里
做流泪实验

生病的一天

在太空生活对人体来说是很困难的，大多数航天员在进入太空不久后就会生病，这让看起来很"酷"的太空旅行变得令人失望。失重状态会给人的内耳带来很大问题，内耳控制着一个人的平衡感和运动感，而失重会加重人体的不平衡感，进而导致持续两三天的方向感缺失。

缺失方向感的航天员

小长颈鹿的太空腿

如何让人体适应失重的世界，然后在返回地球后重新适应引力世界，是太空旅行面临的最大挑战之一。由于太空缺乏重力，航天员的血管将会变薄，当航天员重新再入地球大气层时，可能会导致严重的健康问题。

为了解决这个问题，科学家们把注意力转向了小长颈鹿的身上，当长颈鹿宝宝出生时，它的身体就像航天员的身体一样，必须迅速适应从一个失重的子宫环境到另一个有引力的世界的转换。小长颈鹿对此的反应是使腿部的血管增厚，虽然环境发生了变化，但是它在出生后一小时内就能直立行走。

通过对长颈鹿宝宝腿部的研究，启发科学家们开发出一种"腿部负压装置"，它可以给航天员下半身施加"负压"，帮助航天员重新适应地球环境。

长颈鹿宝宝和长颈鹿母子

一个在太空 VS 一个在地球的双胞胎

2019年4月12日，美国宇航局的双胞胎研究结果发表在学术期刊《科学》上，这篇论文详细介绍了太空飞行对人体影响的研究结果。这项研究的测试对象是美国同卵双胞胎航天员马克·凯利和斯科特·凯利，他们兄弟在2015年接受了一项特殊的科研任务，斯科特将前往太空，在国际空间站中工作一年，与此同时，马克将驻留地球，作为对照。

斯科特在国际空间站待了340天，成为第一位在太空待了近一年的美国航天员，他于2016年3月2日返回地球。从这项研究可以看出，斯科特在执行太空任务期间，其基因表达和免疫系统反应等都发生了变化。

马克·凯利（左）和斯科特·凯利（右）兄弟

6

奇怪的太空生活

在太空中，锅里烧的水会沸腾吗？沸腾时又是什么样的？在太空微重力环境中，人体的眼球会怎样变化？我打赌，如果你没有看过这方面的资料，你是一定想不到会发生什么的。

太空中沸腾的水是什么样的？

在地球上，沸腾的水会产生无数多个微小的气泡。然而，在太空中，沸腾的水却只能产生一个巨大的波状气泡。

1992年，物理学家在航天飞机上进行了实验，由于太空中没有对流和浮力这两种由重力引起的现象，故在微重力下沸水只会产生一个巨大的波状气泡。

从水沸腾的实验中科学家受到启发，只有弄懂液体在太空中如何沸腾，才能更有效地设计航天器的热控系统。未来在太空中，人类可以利用太阳能将液体煮沸产生蒸汽，从而使涡轮发动机转动以产生电能。

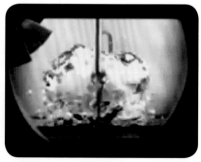

地球上沸腾的水（左）和太空中沸腾的水（右）

太空中的燃烧火焰有什么不同？

在地球上，被点燃的蜡烛的火焰形状像水滴；而在太空中，火焰的形状近似球形，这是为什么呢？

在地球上，离地球表面越近，聚集的空气分子就越多；相反，离地面越远，大气就变得越来越稀薄，从而导致压力逐渐下降。这种压力差引起了一种叫作自然对流的现象，当火焰周围的空气被加热时，热空气分子向外膨胀，由于热空气分子比周围的冷空气密度低，故火焰底部的冷空气分子会推动热空气分子向阻力较小的火焰顶部运动。

但是在太空中，由于没有重力，膨胀的热空气在所有方向上都经历相同的阻力，故火焰会呈现球形运动。

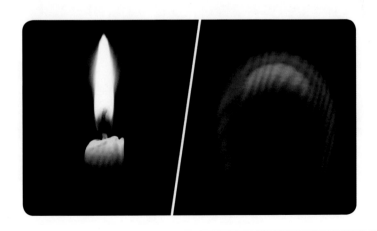

在地球上燃烧蜡烛的火焰（左）和在太空中燃烧蜡烛的火焰（右）

喝啤酒不会打嗝

大家都知道，当饮用啤酒后，被吞咽的二氧化碳会伴随偶尔的打嗝而排出体外，那如果在失重状态下，饮用啤酒后还会打嗝吗？

由物理学定律可知，太空中没有重力，也就不会有浮力，所以太空中没有任何作用力可以把碳酸饮料中的气泡推上拉下。这意味着二氧化碳泡沫只会停滞在饮料或者啤酒中，即使它们被喝到航天员的肚子里，也是处于同样的状态。事实上，没有重力，人体就无法排出气体，这会使得饮用碳酸饮料的航天员非常不舒服。

在太空中喝啤酒

相同的玫瑰花，气味却不同

在太空中生长的花的气味会与地球上的花明显不同，这是因为植物会产生一种易挥发的油，不同植物所产生的易挥发油所带的香味是不同的，但易挥发油受环境因素影响非常大，如温度、湿度和光照。因此在太空微重力环境的影响下，易挥发油的味道不同也就不足为奇了。

1998 年，"发现号"航天飞机验证了不同玫瑰所产生的"异乎寻常"的香味，后来这些香味被分析、复制，最终演化成一款由日本资生堂公司销售的香水。

日本资生堂公司（左）和由太空实验演化出来的玫瑰花香水（右）

47

太空汗给航天员带来的烦恼

在太空中，液体以自由、不受管制的形式呈现出球体的形状。表面张力使液体表面的分子相互拉开。在太空中，没有重力作用将液体向下拉动，它们会被拉到一起形成最小的形状，也就是球体。这意味着身体的热量不能从皮肤上通过汗水散发出去，更糟糕的是，因为汗水不会滴落或蒸发，它会源源不断地停留在脸上，形成一层咸水膜。所以，航天员必须经常用吸水毛巾擦拭汗水。

NASA 航天员在空间站里洗头和洗澡

被压扁的眼球

失重状态下航天员的眼球会被挤压，使他们的视力模糊。一些航天员的眼球后部会变平，而另一些航天员则会经历视神经肿胀。如果是在地球上有这种现象，那多是由于头部异常高的流体压力造成的。而在零重力的空间环境下，由于没有重力的下拉作用，头部的体液会比正常情况下流动得更快，故头骨中压迫眼睛的液体会比正常情况下更多。

这种效应会使大多数人的视力模糊，虽然通过过度扩张眼睛，航天员的视力会从眼球变平效应中得到提升。但是，视神经肿胀却依然不能得到缓解，如果不及时治疗，

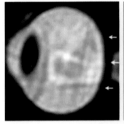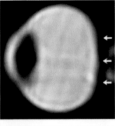

不同环境下被挤压的眼球
（图片来自北美放射医学会）

NASA 航天员感觉视力的变化
（图片来自：NASA 网站）

可能会导致失明。因此，眼球被压扁的问题可能是未来制约载人飞船登陆火星，或向更远飞行的挑战问题之一。

在太空中，细菌还会存活吗？

实验表明，在太空中细菌会生长得更快。例如，大肠杆菌菌落的生长速度几乎是地球上的两倍。此外，还有一些细菌会发生基因突变。2007年，在"亚特兰蒂斯号"航天飞机上进行的沙门氏菌生长对照试验表明，太空环境改变了167种细菌基因的表达，这些基因改变使沙门氏菌在老鼠身上致病的可能性几乎是地球上生长细菌的三倍。

为什么细菌菌落在失重环境下会茁壮成长？在地球上，细菌倾向于聚集在培养皿的底部，而在太空里则不然，细菌的生长空间不再局限于器皿的底部，进而增大了生长空间，所以长得更快了。至于沙门氏菌基因表达的变化，科学家们认为这些

显微镜下的细菌生长过程（上）和沙门氏菌（下）

变化可能是由于一种称为Hfq的蛋白质的应激反应引起的，Hfq在控制基因表达中起作用。微重力通过改变液体在其表面上的移动方式对细菌细胞施加机械应力，Hfq通过进入一种存活模式，从而使细胞更具毒性。

根据沙门氏菌应对太空环境的研究成果，科学家们希望通过对比实验更加深入地了解沙门氏菌是如何应对地球环境的。例如，当沙门氏菌受到人体免疫系统的攻击时，Hfq可能经历类似的应激反应。

① 都是太空惹的祸

太空环境与地球环境大不相同，仅仅失重这一项问题，就会给航天员带来不少的麻烦，从而影响航天员的思维和活动。如方位上下颠倒、入睡困难、游动费劲，甚至当航天员从太空回到地球的一段时间里，还经常用在太空生活中的习惯来控制自己的行动，导致一些物品损失和笑话行为。

低头看月球，抬头看地球

　　月球表面有平原、高原和山地等，这与地表景观有一定相似之处。航天员在登月之前进行的模拟训练也常选在与月表环境相似的沙漠中进行。但是在月球漫步的航天员有时甚至会忘记自己所处的环境，需要时时提醒自己正身处月球。例如"阿波罗 12 号"航天员艾伦比恩曾说："我会低头看脚下并在脑海中提醒自己'这里是月球'，然后抬头看天上说'那个是地球'，所以尽管我们正处在月球上，但这对我们来说仍然像科幻情节一样。"

抬头看地球的航天员

在太空中睡觉会梦到什么？

在太空中入睡相比在地球上要困难得多。由于太空没有熟悉的重力环境，航天员会丧失方向感，不能躺在床上睡觉，而是要努力适应悬在半空中入睡。失重会使人产生头和四肢与躯干分离的幻觉，还会因为醒来后发现身体下面没有任何支撑的东西，而产生一种身体坠落的感觉，许多初次进入太空的航天员都曾遭遇过身体坠落而突然惊醒的经历。

一名俄罗斯航天员成为了这一方面的专家，他经常睡在睡袋外面，并且以熟睡的姿态飘浮在空中，甚至当遇到墙壁时还会像排球似的被弹来弹去。

熟睡的航天员

航天员游动的"小帮手"

　　国际空间站的内壁布满了扶手，以便于航天员能够四处移动。为了验证航天员在不推任何舱壁的情况下，是否可以只靠自己的力量移动，两个曾在"奋力号"航天飞机上工作的航天员做了一个测试。他们将同组的航天员南希·柯里小心地放置在空中，并使她碰不到任何舱壁。柯里发现无论她怎样奋力运动身体或拍动手臂，她都如同被卡在半空中，无法到达别处。这是因为航天员在飘浮状态下，通过摆动身体与空气相互作用产生的力过小，还不足以实现移动，所以利用扶手的反作用力移动是比较容易的方法。

游动的航天员

在太空中怎样确定方位？

与科幻作品中的太空飞船不同，现实中的空间站要充分利用每面舱壁来存储物资，因此空间站中没有过道，没有天花板，也没有空旷的走廊。同时，失重环境会让航天员丧失方向感，因此对航天员来说，空间站中的生活没有上下和左右之分。但为了方便从事太空中的工作，比如故障维修、科学实验等，航天员需要有意识地选择一个方向作为"上方"。在我国"神舟六号"飞船中，轨道舱的舱壁就被涂成不同颜色，便于航天员区分"天"和"地"。

确定上下方向的航天员

太空是什么味道的呢？

　　太空是什么味道的呢？这个问题的答案千差万别。尽管航天员隔着航天服不能直接闻到太空的气味，但他们曾尽力描述过在太空行走后萦绕在气闸舱中的味道，如在雪里滚过的湿衣服味、烧杏仁饼干的味道、芬芳的焊烟味、新鲜的空气、燃烧的火药、煎牛排，还有轻微的汽车引擎过热的气味。科学家认为这些答案都是正确的，因为这些气味都源自太阳系形成过程中产生的多环芳烃，当航天员进行太空行走时，这种物质就附着在航天服的表面。

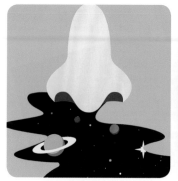

太空的味道

 # 太空生活没有上下方位之分

即使航天员在地面经历了模拟太空环境的各种训练，但真正进入太空对他们来说仍是件充满新鲜感的事。航天员常带着如小孩般的好奇心去探索太空生活，从颠倒身体撒尿到蒙上眼睛看自己是否迷失方向，他们通过各种测试来挑战身体的极限。这种航天员以自身为对象的实验称为空间人体实验，它可以帮助科学家了解失重环境对人身体的影响，并探索人类在太空长期居住的可能性。为了解决空间站中人员长期逗留的问题，美国"哥伦比亚号"航天飞机就专门进行了"空间生命科学实验–1"。

适应这种上下颠倒的环境

航天员回到地球上经常犯的错误

从太空返回地球的航天员都会有这样一种常见的经历——掉落日用品。因为太空生活的习惯使他们总是期望物体离开手后会飘浮在原地，如某些航天员将物体扔向他人，经常用力过小使得物品掉到地上，于是他们才会意识到地球重力需要他们使出更大的力气。茶杯、牙膏管和笔都是重力健忘症的航天员经常"损坏"的物品。刚返回地球的航天员似乎都要重新适应这个星球，他们会觉得重力太强，甚至在说话时都能感觉到嘴唇和舌头的重量。

重力健忘症的航天员在投递物品时经常用力过小

⑧

航天员的烦心事

　　每当抬头仰望星空，人们总被浩瀚的宇宙所吸引。灿烂的群星总是以无与伦比的深邃和静谧，向人类展示着神秘而和谐的宇宙图景。从嫦娥奔月到万户飞天，飞向太空是人类自古以来的梦想。德国哲学家康德说过："世界上有两件东西能够深深地震撼人们的心灵，一件是我们心中崇高的道德准则，另一件是我们头顶上灿烂的星空。"今天，人类终于研制出了宇宙飞船，实现了飞天的美好愿望。但是，由于太空的特殊环境，人类在太空的生活和在地球上还是有很大的差别。那么，航天员在太空里打嗝、放屁和做梦等生理活动和在地球上有什么不同呢？

在太空能打嗝吗？

在太空中是可以打嗝的，但由于重力作用非常微弱，以至于胃部气体不会从液体中分离，因此使得航天员的打嗝从本质上与呕吐相似。为了用打嗝的方式排气，航天员想出了一个妙招，航天员发现通过推墙，可以创造出一种惯性力作用来代替使自己身体里的食物落回胃里的重力作用，这样就可以把胃里的气体和液体分离，让航天员顺利地排出气体。航天员称这种打嗝为"推打嗝"。在太空中还是尽量避免打嗝，"推打嗝"虽然有机会将体内多余的气体排出，但如果操作不当，使打嗝变成了呕吐，后果就十分严重了。

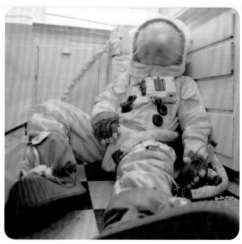

航天员打嗝

神秘的太空头疼

　　第一批驾驶航天飞机进入太空的航天员在太空里经历了神秘的头疼。美国科学家花费了大量的时间和资金来研究航天员在太空头疼的原因，颅内压增高？氧气不足？都不是。真正的原因是：咖啡被运送到太空前必须经过冷冻干燥，这一过程大大降低了咖啡的咖啡因含量，航天员的头疼实际上是咖啡因戒断的症状。就好像一个抽了几十年烟的"老烟枪"突然戒烟了，虽然抽烟有害身体健康，但是身体已经适应了尼古丁的麻痹，突然中断肯定会引起身体的不适。

神秘的头疼

航天员的"月亮脸"

　　人在失重的状态下的身体状况是和在地面时不一样的，身体的一些细节和特征会发生一些变化。多次往返太空的航天员建议："如果是首次进入太空，要确保停留在太空的时间不少于四天，用以适应太空环境。"在刚进入太空的几个小时内，航天员会出现"月球脸"的症状。由于缺乏重力，身体内的大量血液会涌入头部，引起头部血压升高，让人头涨。在太空中的前几天，航天员脸部会变得十分臃肿，一般经过四天以后，身体适应了太空中的微重力环境，脸部就会恢复正常，然后就可以更舒适地享受太空旅行啦。

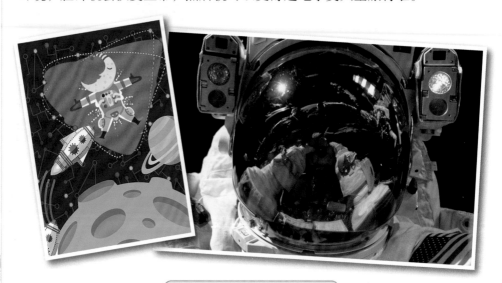

航天员的"月亮脸"

见鬼了，尿液为什么在航天服里到处乱窜？

　　航天员早期的男式航天服经常会发生渗漏，所以他们时常抱怨自己的尿液渗漏到航天服的其他地方。很长一段时间内，没有人知道为什么会航天服会出现这种问题。最终美国宇航局意识到渗漏是由于航天员使用了过大的安全套导管。原来，当医生问航天员他们需要什么尺寸的安全套导管时，航天员们往往是要大号的。

航天服的渗漏

太空"屁"推进

我们知道，因为在太空中没有重力作用，航天员打嗝是很困难的，为了排除体内多余的气体，所以他们会更多地放屁。人们经常会把"屁"和"零重力"联系起来编造段子，但实际的情况远比我们的凭空想象更复杂。航天员承认他们曾试图用放屁作为一种推进方式来绕航天飞机或者国际空间站飘移，可惜的是，虽然放屁能让航天员暂时轻松一下，但事实证明放屁并不能在太空中推动人体前进。而且，最好也不要进行过多的尝试，毕竟在密闭的太空舱内排放过多的硫化氢气体，并不是什么好事情。

太空的"屁"推进

反 梦

　　刚刚回到地球的航天员在睡觉时，往往会在熟睡的梦境中认为地球引力是不正常的，但在返回地面一周后，这些奇怪的梦境就会渐渐消失。这种大脑思维活动被形象地称为"向后的梦"，也称"反梦"。出现"反梦"的主要原因是身体还没有适应地面的重力环境。最直接的例子就是游泳，每次从泳池出来的一瞬间，会感觉到身体特别沉重，其实重力本身没变化，只不过身体已经适应了水中近似失重的环境。

　　一位美国航天员在国际空间站里驻留了52天后刚刚回到地球，并在自己的微博上发表评论："昨晚我做了第一个反梦——回到了地球，重力也不正常。"

航天员回到地球上会做"反梦"

反扑的呕吐物

在失重的太空中，平日里看起来很普通的一些事却会变得麻烦不断，困难重重。比如正常的恶心呕吐，在太空中就会变得异常棘手。在太空中是不能随便呕吐的，呕吐时需要专门的呕吐袋。由于没有重力，呕吐物会从呕吐袋的边缘反弹回来打到脸上。建议提前准备好一条毛巾来清理。所以，《星际漫游指南》写到"毛巾可能真的是一个星际旅行者拥有的最重要且最实用的东西"。

太空中呕吐物会反弹

意想不到的太空旅行问题

　　广袤的宇宙永远保持着它的神秘感，从古至今，人们从未停止过对它的探索。嫦娥奔月、盘古开天等中国古代神话故事表达了人们对宇宙的好奇和对登上太空的渴望。如今的科技发展尽管和古代相比有了质的飞跃，但是关于太空的传说从未停止，世界各地关于太空旅行的故事层出不穷。那么，航天员登上这充满神秘感的太空是什么体验呢？在他们旅行之时又有哪些趣事呢？是否也和在地球一样，需要投保纳税、处理复杂的人际关系呢？

月球是什么味道？

一些在月球上执行任务的航天员称："月球闻起来有湿灰或者火药的味道，而不是奶酪。"另一些航天员则报告说："太空本身有轻微的烧焦牛排的味道。"一位美国航天员约翰·杨在执行"阿波罗16号"任务时还吃了一点月球，并表示"还不错"。当然，身着密闭航天服的航天员实际上闻不到月球的味道，只有当他们返回太空舱，附着在航天服上的月球尘埃才会散发出神秘的味道。一些航天员报告说月球尘埃摸上去像白雪一般柔软，但他们闻到的味道却千差万别。其实，这些月球尘埃的主要成分是撞击到月球表面的流星产生的二氧化硅和钙、铁之类的矿物质。

登月航天员留下的脚印

不寻常的保险

　　早期的航天员无法获得保险，这是可以理解的，因为这是冒险的保险。为了确保在他们安全返回地球之前家人能得到照顾，他们会在自己的照片上签名，如果需要的话，这些照片可以被拍卖掉。对于像尼尔·阿姆斯特朗这样的英雄来说，幸运的是，他们没有被留在月球上。

　　中国第一个载人飞船"神州五号"的航天员获得了中国人寿的全程保险经纪业务。这套保险方案不仅考虑到航天员本人，还涉及航天员的家属和子女。航天员的保险过程被分为四个阶段：日常生活与训练、航天员执行任务、航天员航天飞行和成功后的奖励性保险安排。

1968年首批登月的三名航天员（上）和
阿姆斯特朗的签名（下）

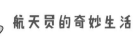

太空还要纳税

　　著名的加拿大航天员克里斯·哈德菲尔德是第一个在太空录制歌曲的人。不过，他并不是唯一的纪录创造者。2013 年，俄罗斯航天员帕维尔·维诺格拉多夫通过互联网连接俄罗斯税务当局运营的门户网站，成为第一个在太空售卖录制歌曲而缴纳所得税的人，因为他没有办法逃避税务员。可见，交税是每个公民应尽的义务，哪怕是在地球之外。

纳税宣传广告图

洗手间的尴尬矛盾

　　1998 年发射的国际空间站是美国和俄罗斯的一次成功合作。但有传言称，两名航天员的关系因共用卫生间而开始紧张起来。空间站的卫生间十分独特，必须具备吸出大小便的能力。而俄罗斯人的饮食主要包括凝胶体鱼，因此有堵塞管道的倾向，美国航天员对此颇有意见。

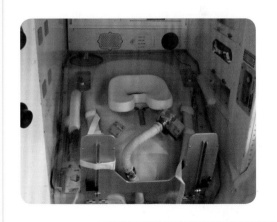 

航天飞机上的卫生间（左）和疏通座便器（右）

★ NASA 的钢笔和俄罗斯的铅笔

听说过美国宇航局花了数百万美元试图创造一种可以在零重力下工作的钢笔，而俄罗斯航天员用铅笔就解决了问题的故事吗？

这不是真的。事实上，铅笔在太空中是一种危险、易燃的物品，铅笔乱飞的笔屑和石墨很可能在失重的太空中飘进电器引起短路或火灾，这对失重且充满纯氧的宇宙舱极其危险。因此，研究一款新笔取代铅笔非常必要。NASA 的太空笔是由一家私人笔公司研发的，该公司花费了大约 100 万美元研发出一种可以在真空、零重力和极端温度下工作的钢笔，之后以每支 2.95 美元的价格卖给了 NASA 400 支。这款不漏油且在外太空失重环境下可以书写的笔芯在经过设计师几年的努力和上百次实验之后终于诞生，并随着"阿波罗七号"首次登上太空，一直作为全球航天员的御用笔。

那么这款花费数人心血的天价太空笔芯到底是如何在失重下依旧能正常使用的呢？原理是笔芯底部的氮气可以作为压力推动油墨在零重力环境下流出，而胆内分离浮球的设计可以使氮气与油墨分离，保证书写过程的均匀受力。

太空笔（左）和航天员正在使用百万美元的太空笔（右）

 # 太空旅游的费用

  阻碍人类进行太空探索的最大障碍之一是高昂的成本。据估计，首次将人类送上月球的"阿波罗 11 号"任务的总成本为 254 亿美元，以今天的货币计算，大约是 1 350 亿美元。显然，技术的进步使得太空旅行变得便宜了很多，但是当你意识到仅仅一件鸸鹋（航天员走出航天飞机所穿的特殊航天服）的成本就高达 1 200 万美元时，你就会明白去太空旅游一趟是多么的昂贵！

航天飞机（上）和载人飞船（下）

航天员的饮食

　　航天员的饮食相当单调，食物通常会被捣碎成泥状并装进铝制的管子里，航天员吃的时候就像在挤牙膏。由于空间有限，他们每天只能吃 3.8 磅（1.723 7 千克）的食物，这些食物都是经过预处理的，加水或加热就可以食用。新鲜的水果和蔬菜不能冷藏，所以只能维持几天。但好消息是，航天员可以随身携带相当多的调味品，所以如果食物太淡，他们可以在上面涂上一层辣酱油或芥末酱。早期，为了改善伙食，"双子座 3 号"的一位航天员曾偷带一块牛排味的三明治进入飞船，然而由于太空的特殊性，三明治的碎屑飘浮得到处都是，给飞船带来了极大的安全隐患，事后 NASA 对这件事进行了严肃处理。

正在太空吃三明治的航天员

⑩ 没有重力的太空生活

　　观宇宙之浩瀚，方知人类之渺小。无限宇宙，无限奥妙，探索宇宙是人类永恒的梦想。中国古人曾提出"盖天说"和"浑天说"，汉代学者张衡也曾提出"宇之表无极，宙之端无穷"的无限宇宙概念。飞向宇宙是人类自古以来的梦想，今天人类终于研制出了宇宙飞船，实现了飞天的美好愿望。但是太空是一个对人类极其不友好的环境，不仅充满了致命粒子射线，而且还有失重的影响。我们都曾幻想过，假如有一天地球没有了引力，那么自己就可以像鸟儿一样自由地飞翔。可是，实际上没有重力的太空生活又是怎样的呢？

尿液收集装置

在太空失重环境下大小便是一件非常麻烦的事情。无论宇宙飞船还是航天飞机，舱内空间都十分有限，处理不好会弄得臭气熏天，难以收拾。在纸尿裤成为航天服的标准配备之前，航天员曾使用过许多其他的尿液收集装置。1961 年，"水星号"的航天员为了避免尿液渗漏，穿着双层橡胶裤进行亚轨道飞行。在早期其他的太空飞行中，使用的是改良的安全套尿液收集装置。20 世纪 80 年代，女性航天员首先使用起了纸尿裤，最终男性航天员也采用了纸尿裤，因为他们意识到，行走时纸尿裤的舒适性比安全套尿液收集装置要好得多。

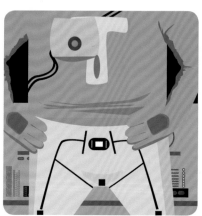

尿液收集装置（左）和女用尿杯（右）

在太空能听见声音吗?

众所周知,声音的传播必须要通过介质。在外太空的真空环境中不存在介质,所以声音在太空中是无法传播的。对人类的耳朵而言,宇宙是无声的。那这是不是说明航天员在太空中听不见任何声音呢? 答案当然是否定的。因为航天员在太空中,绝大多数时间都待在太空舱内,而太空舱内并不是真空环境,所以在太空舱内可以听见同伴发出的声音。当航天员穿着厚厚的航天服进入舱外的真空环境时,这时候就只能听见航天服内的声音了。此时,航天员与同伴交流就需要借助无线电设备。

航天员的听力

失重"后遗症"

太空失重容易造成航天员肌肉萎缩，当他们回到地球后，经常是步履蹒跚。现如今对人类来说，从太空回到地球要比去太空旅行更困难。在太空中待了很长一段时间之后，航天员会因为缺乏重力而骨质疏松和肌肉萎缩，这是航天员们几乎不可能避免的问题，这些问题会严重影响航天员们的健康。一位加拿大航天员说道："在我从太空回来的一个星期之内，都没能力通过酒精测试，因为走路摇摇晃晃的就像喝醉了一样。我足足花了四个月才做到正常的跑步，感觉笨的就像一个穿戏服的小丑。"

走路摇摇晃晃的航天员

重新适应重力

　　航天员在太空处于失重状态，失重会激活人体的相应功能来适应新环境，进入太空后，人体的重力平衡系统首先发生变化，航天员体内血液重新分配，体液丢失较多，血容量减少，心血管调节能力下降。当航天员返回地球后，必须重新适应地球重力。从地面到失重环境需要时间适应，适应了失重环境再次返回地面，当然也需要一段时间适应，而且在太空待的时间越长，需要重新适应重力的时间也就越长。航天员们返回地球后，仍然感觉自己是飘浮着的，这其实是他们还没有完全适应地球重力环境的表现。

感觉飘浮的航天员

新航天员的问题

扫码观看
讲解视频

　　一个新的航天员要学会在太空站里自由行动，可不是件容易的事情。就像把一头大象放进瓷器店里，稍不留神瓷器店就会被搞得乱七八糟。每个航天员开始适应太空失重环境时都是"笨手笨脚"的。一位退休的美国航天员清楚地记得他进入太空的第一感受"身体平衡感知系统觉得我的身体颠倒了，但是我的眼睛却告诉我，我是直立着的。两个系统同时向大脑发送互相矛盾的信号。这就是为什么不少人在进入太空初期会觉得恶心难受"。这种因失重而导致的身体不适，没有药物可治，航天员只能忍受几天让身体逐渐适应。

"笨手笨脚"的航天员

从太空看世界

航天员在太空中绕着地球转的时候，我们熟悉的风景在他们眼中是另一番模样。他们看到的地球，不是一条条的国界线或者一个个独立的国家组成的球体，而是茫茫宇宙中一个小小的圆球。通过太空旅行，不仅视角会被带到更高的高度，而且会看到不曾见到的风景。这样的体验虽具有一定挑战性，但却美妙无比。曾两次乘坐航天飞机进入太空的航天员描述了他在太空观察恒星的感受"有点像从游泳池底部看着太阳，而不是在游泳池上方看太阳。在这水面之上，所有的星星是不会闪烁的完美光点"。

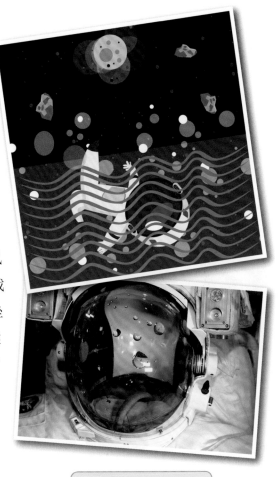

观察世界的航天员

 # 令人讨厌的感冒

　　航天员在太空处于失重状态，不仅空间狭小、长期与外界隔离，而且还要承受高强度、高压力的任务载荷。在这种状态下，免疫功能会下降，一旦感冒，后果会很严重。由于没有重力作用，鼻腔很难排出黏液。尽管经常去清理鼻腔里的黏液，但耳朵和鼻子仍然会堵塞。"阿波罗 7 号"就发生过类似的事，感冒彻底"激怒"了三位航天员，因为他们随身携带的纸巾完全不够用，并且很有可能因为擤鼻涕而刺破他们的耳膜，航天员们拒绝戴头盔来执行再次进入任务。小小的一个感冒，却令航天员如此痛苦不堪，着实令人讨厌。

处于感冒的航天员

枯燥的太空旅行

近日，美国一名女航天员讲述了太空生活的真实体验，她称生活在太空的 52 天为一场枯燥乏味的旅行。她说："在失重环境下，吃饭睡觉这些小事都会变得十分烦琐。航天员可吃的东西少之又少，只能依靠加热速食维持生活。不同于地面，在太空生活没有新鲜水果，不能洗澡，不能与朋友、妻子和孩子联系等。一段时间后，进入太空的浪漫就会被消磨掉。如果你只在那里待上一两个星期，也许你会感觉太空生活很有趣。但如果在那里待两个月，那情况就不一样了，日复一日枯燥的生活会让人情绪崩溃。"

情绪崩溃的航天员

83

假如地球没有引力，后果会怎样？

地球引力牢牢地把我们束缚在地球上，它是地球万物得以存在的保障。如果地球引力消失了，人、家具、汽车，以及那些桌上的铅笔和纸张等，都会突然间失去了停留在地表的理由，开始随处飘浮。更严重的是，开始飘浮的不仅仅是铅笔纸张，还有我们赖以生存的两样更重要的东西——大气与海洋、河流、湖泊里的水，它们同样都是靠地球重力才环绕着地球或留在地表上的。没有了地球重力，空气将逃逸到太空之中，大气层将不复存在。

没有了大气，所有的生物都将灭亡，所以地球重力消失的那一刻，就意味着世界末日的到来，无人能幸免。

地球上的物体随地球自转需要向心力，向心力由万有引力提供，组成地球的物体就是靠万有引力结合在一起的。如果没有引力，地球上的物体就会不断地沿地球自转的切向飞出，地球也就瓦解了。

假如地球没有引力的后果

11

航天员的奇妙生活

　　往古来今谓之"宙"，四方上下谓之"宇"。浩瀚的宇宙，往往给予人们神秘的色彩，自人类诞生至今，从未停止过仰望头顶璀璨的星空，思考深邃宇宙的奥秘。今天人类终于研制出运载火箭，实现了"飞天"的美好愿望。但是，由于太空的特殊环境，人类在太空的生活和在地球上还是有很大的差别。那么，航天员在太空中的生活究竟是什么样的？与地球比起来，航天员在太空中会有哪些奇妙的经历呢？

由光线的颜色判断飞船进入哪个地区了

由于距离地球很远，航天员在太空中看到的地球是以蓝白色为主调的，而且从太空舱中看到的地球变化不大。但是，即使每天身处相同的环境，航天员也能敏锐地感受到微妙的差别。大部分航天员是通过射入舱里光线的颜色判断飞船飞到地球哪个地区了，另一些航天员则是通过云层形状判断他们看到的那一片海洋是哪里，还有少部分航天员则是通过农田的几何形状辨认出地球上的地区。德国航天员 Alexander Gerst 在太空发推特称："当光照到舱里呈现橙色时，不用看窗外我就知道现在是在亚洲的上方。"

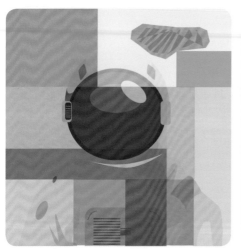
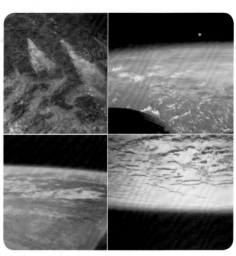

航天员通过光线颜色推测飞船到哪里了

没有人知道的问题

　　太空中是什么样的？在把人类送上天之前，没有人能回答这个问题。医生们担心航天员在失重环境下，眼球会在眼眶里四处漂浮而导致失明，或者航天员不能正常吞咽食物而挨饿。由于担心这些极端情况可能发生，故早期的航天员要经受许多物理和心理测试。但测试结果没有一个让航天员满意的，即使最好的结果也是令人十分尴尬的，最坏的结果则会让航天员感到非常不舒服。

　　当被问到最困难的测试是什么时，参加美国"水星计划"的航天员约翰葛伦回答说："很难说哪一个测试最困难，如果让你伸手打开身体某个部位口袋时，或者让你回答身体任何一个部位口袋的距离时，这是最困难的问题。因为航天员不知道手臂距离身体器官有多远。"

航天员不知道手臂距离身体器官有多远

艺术品般的地球

对于航天员而言，当他们从太空看向地球时，地球的河流和海床就像艺术长廊，绿色的原野和金黄的麦田如同油彩画般绚烂，许多航天员都爱上了这个如同艺术品般的地球。作为国际空间站的常客，航天员桑迪回忆了一次她最喜欢的远景："可以绝对地说，从太空看地球，最漂亮的地方之一就是加勒比海。加勒比海像一个完整的蓝色彩虹一样，从翡翠绿到绿蓝，从蓝绿到碧绿色，接着慢慢加深的蓝色，再到来自深海的特有的深蓝色。你可以在太空上看到所有的颜色以及变化。加勒比海并不是严格的直线，而是如同曲线一般柔美。加勒比海的漩涡和各种各样的波浪纵横交错地排列着，看上去就像一幅美轮美奂的艺术作品。"

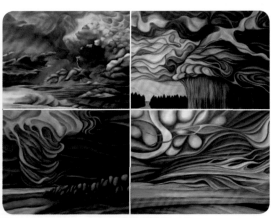

从太空看地球，地球就是一幅艺术品

无处不在的监测

　　由于载人航天是一项十分庞大且复杂的活动，故早期在轨飞船里的航天员的所有生理活动都是需要被监测的，从他们的生命体征到食物的摄取，再到他们的废物排出。例如，在空间站里，航天员每一顿摄入的饭和量，以及消化信息都必须传输到地面进行分析。

　　一次，美国航天员威廉伯格不希望别人知道他在太空飞行中病了，所以他把呕吐袋扔进了气闸舱。他狡猾的想法几乎就要奏效了，但直到后来他才意识到，他和另一个航天员在舱内通话谈论了这个事情，都被监测器收集后传输到了地面。

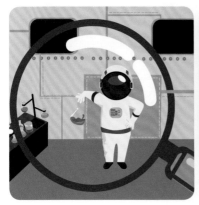

处于监测之中的航天员

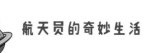

 # 晶体奇观

在宇宙空间里，那些不太雅观的废弃体液却能成为一道美妙的奇观。燃料电池中多余的水和航天员的尿液通过一个废液排放系统排到舱外，这些液体很快沸腾然后冻结，创造出小冰晶。在航天飞机上的航天员吉姆·纽曼称这种景象是意料之外的美丽："看到这种巨大的冰粒流出，被阳光照亮后反射的光线是如此惊人的美丽，它真是太华丽了。"

由废弃液体转化成的太空晶体

闲暇时的思考

对于执行太空行走任务的航天员而言，空闲时间是非常稀罕的事情。阿波罗航天员拉塞尔·施威卡特回忆在太空行走时，拥有 5 分钟的空闲时间，他回忆道："当时，我看着地球，感觉太空里只有我自己一个人，没有任何东西能保护我脆弱的身体。此时，我感觉自己不再是一名航天员，美丽的地球只陪伴我一人……"显然，这是一个非常特别的 5 分钟，这也是一个巨大的哲学问题。

孤独的航天员

经常丢东西

在太空中丢东西是件很常见的事，虽然航天服上有带拉链的口袋存放东西，但是对航天员来说，并不是每一次放完东西后都会记得拉上拉链。一旦拉链忘记拉上，口袋里的东西就会很轻易地掉出来。航天员阿诺谢赫·安萨里就是因为忘记拉上拉链而丢掉了她的润唇膏。她担心丢掉的东西会毁坏空间站，所以她向其中一个同事咨询求助。幸运的是，空间站有一个巨大的空间会吸收所有漏掉的东西，其中有一个"失物召回盒"，航天员会每周检查一次。毫无疑问，那个润唇膏和同事们疏忽遗漏的东西都会被吸收到那个"失物召回盒"中。

丢东西的航天员

⑫ 你所不知的太空微生活

仰望夜空，繁星点点。它的神秘、浩瀚和深邃，无时无刻不在诱惑着人们去揭开它神秘的面纱。时至今日，登上太空对人类来说已经不再是难题，但是进入太空，在空间站里工作和生活，却面临着许多你不知道的微妙之事。

太空中打喷嚏

在太空工作时，由于太空的零重力，航天员们无法回避一些生活的烦恼，比如汗液、鼻涕或眼泪等通常从体内分泌出的物质可能会使航天员暂时失明。因此，当遇到这些事情时，航天员必须要保持心态镇静，强忍所遇到的麻烦，比如遇到伤心的事情就要强忍哭泣。

同样，在太空中如何打喷嚏也是航天员需要面对的一个重要问题。打喷嚏时由于体内气压的变化，一些细菌也会随之排出体外，这些细菌并不会像在地球上一样乖乖落地，它们会飘浮在太空舱里，这样就无形地增加了航天员感染细菌的风险。因此，为了避免细菌感染和把头盔内搞得一团糟，他们要努力让自己把喷嚏压下去。

太空中打喷嚏

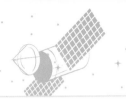

观察地球闪电

地球为航天员精心准备了一场壮丽的自然"烟火表演"，正如一位航天员所说："从轨道上能看到的所有景观中，最为壮丽的要数地球云层的夜晚闪电。"在地球上，我们是在云层下方

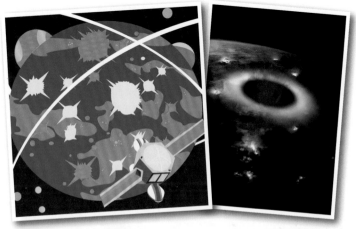

观察地球闪电（左）和艺术家笔下的
多种波段太空射线混合产生的闪电（右）

看闪电，通常看到的是光柱划破夜空的景象，而在太空轨道上，是站在云层上方观察闪电，这时候，突然出现的闪电会被云扩散成一个个爆裂的光球，飞向太空四面八方，看起来就像是一个在云层间绽放的编队烟火，会带给人更加震撼的视觉体验。

太空中怎样洗衣服？

　　幸运的是，航天员在太空中不需要洗衣服。在微重力的条件下，衣服实际上是飘离于身体之外的，因此也不会像在地球上那样吸附人的体味。所以，航天员可以连续穿同一件内衣好几周。此外，航天员在太空会丧失大部分嗅觉，因此不经常洗衣服其实也并无大碍。

　　但是，针对在太空中洗衣服这件事而言，目前尚未找到彻底解决的办法。美国 NASA 最近正在研制一款基于微波射线的集洗衣和烘干功能为一体的洗衣机，这款洗衣机不仅采用蒸汽流，还加入了微波射线辅助清洁衣物。

在太空不能洗衣服（左）和欧空局航天员正在打包脏衣服（右）

★ 太空锻炼

在太空中，航天员需要每天锻炼两个半小时，以减少在微重力环境下骨质密度和肌肉质量的损失。但想要通过不同方式进行太空锻炼却是一个棘手的问题，最早的锻炼方式就是使用太空跑步机，它的上面有一个绑带，用来固定航天员以免飘浮。

国际空间站中有一种没有鞍座和车把的自行车，因为鞍座和车把对航天员来说也是没有必要的，他们只需要靠踩脚踏板来行走，而他们的手则可以自由读书或摆弄他们的音乐播放器。但是锻炼过程中出汗也是非常令人烦恼的，汗水往往会粘在航天员身上，并渐渐积累成浮动的大气泡，所以这也是航天员经常携带毛巾的原因。

航天员进行锻炼

香料探索

由于微重力环境，一方面，航天员鼻腔中的黏液不会通过鼻孔流出，这不仅会刺激鼻腔充血，而且总有一种伤风的感觉。另一方面，鼻子不通气会造成嗅觉不灵敏。所以，对航天员而言，无论怎样精心加工制作的太空食品，尝起来都像淡而无味的硬纸板。因此，为了使航天员的味蕾保持刺激感，大量的辣椒酱、胡椒面和山葵等调味品被频繁运往空间站。

太空香料（左）和"远征21号"与"STS-129号"的机组人员聚集在国际空间站统一节点的厨房吃饭（注意后面的辣椒酱瓶）

建立一个临时的私密空间

　　航天员进入外太空，实际上是与我们生活的世界隔离了，但在外太空空间站里的航天员基本没有个人空间，这对于一起开展工作的男女航天员们是非常尴尬的。

　　以前航天员如果需要个人私密空间，就在门把手上挂一只袜子作为信号。目前空间站如果有航天员在对接舱的圆形入口处挂了一条毛巾，那便是太空版的"请勿打扰"的标志了。

建立临时的私密空间

太空行走

太空漫步是一项很严肃的工作，因为只有当他们的飞船有故障时，他们才会有机会出舱去修理，但这也是一件令航天员非常兴奋的事情，因为这是他们观察自己居住环境的唯一机会。

为了保障航天员的安全，早期采用脐带式的生命保障系统，航天员的氧气、压力、冷却工质、电能和通信等都是通过脐带由"母"航天器提供的。但是如果脐带过长，就容易发生脐带缠绕，像婴儿那样"窒息"而死，所以航天员只能在"母"航天器附近活动。

为了克服脐带的缺陷，一种便携式环控生保装置出现了，航天员出舱需要背着便携式环控生保装置，他们可以到离"母"航天器100米处去活动。另外，还有一种更先进的太空"摩托艇"式的航天服，它安装了24个氮推力器，具有6个自由度，能改变航天员飞行的速度、姿态和方向，使航天员能够"自由"飞行，就好像航天员是一颗人体地球卫星。一位航天员回忆说，"这样的航天服本质上就是一艘单人飞船，当他右手抓住航天飞机或空间站时，就像是抓住了对着他尖叫的救命稻草，当他向左手边看时，整个宇宙就是向四面八方延伸的无底洞。"

太空行走的航天员

13

疯狂的太空食物

由于地球与太空环境的差异，太空中的生活和我们想象的大不相同，有像挤牙膏一样吃肉的困扰，也有开冰淇淋派对的乐趣。除此之外，航天员的心理也会发生转变，如人类在太空中所产生的"概观效应"等。

与食物"玩耍"是一种怎样的体验？

吃饭是我们日常生活中再平常不过的事，但对于航天员来说，吃饭却像是一场游戏。就好像我们平时可以用手拿着吃的东西在太空里为什么要用嘴叼着吃呢？答案就是这些食物会因为失重而在飞船里飘来飘去。例如，当我们把一杯水放在桌上时，杯子会和水一起飞起来。一位经验丰富的航天员曾说："当你打开一袋软食品，如酸奶或汤时，如果你不是非常小心的话，那些小酸奶泡或汤泡就会飘浮在四周，你可以用勺子抓住它们，但是如果你太快地挥动勺子的话，被你的勺子击中的那一个泡泡就会瞬间化为 10 个小泡泡，然后你就要从抓 1 个泡泡变成抓 10 个泡泡。"

与食物"游戏"的航天员

太空食物都是什么样的？

在早期的太空飞行中，人们所食用的太空食物不是方块状的就是管状的。例如肉类就通常会被捣碎成类似于宝宝吃的泥状食物，然后装进铝制的管子里，吃的时候就像是在"挤牙膏"。此外为了防止食物碎屑的产生，影响航天员和设备的正常工作，谷物、饼干之类的食品往往都采用小包装，制成和嘴差不多大小的方块，吃时就无需再切开。但这些四四方方的饭却并没有想象中的那么美味。

航天员的太空食品

重生的感觉

　　航天员在太空中工作和生活了一段时间后，渐渐适应了失重环境。失重会让航天员产生一些生理上的变化，例如，航天员在太空中常常是飘浮的状态，所以当俄罗斯"联盟号"飞船像流星一样从太空返回地球时，航天员们就会觉得身体特别沉重，很难自行移动他们的胳膊和腿，严重时还会因为血液的重新分配而导致头晕眼花，甚至导致他们无法自己从舱里走出来。救援人员在地面上帮助他们打开太空舱，将航天员从安全带的束缚中解放出来，用毯子把他们包裹起来，他们就好像是刚出生的婴儿那般，被带回外面的世界。

从返回舱里出来的航天员

何为"概观效应"

　　总观效应，或者称为概观效应，是指一种人类在认知上的转变。例如，当航天员在太空航行时，从太空或月球表面看地球就会经历认知的转变。

　　美国一位航天员曾说："如果你在宇宙中看地球，你就可以在宏观上感受到自然和人的力量。例如，太平洋的云呈现出一些特别规则的几何图形，而大西洋的云则更多时候是不确定的混沌图形；你也可以通过水、云，以及大陆板块运动的痕迹，看到地球表面的腐蚀情况；你还可以看到陨石撞击地球所留下的陨石坑。与此同时，你还会感受到人类文明给地球带来的变化，比如，你能看到人类建造的横跨自然山脉的公路。最后，当你看到自己家乡的时候，突然就觉得对地球变得非常熟悉了。"

在宇宙中看地球的航天员

航天员是如何"认识"自己的？

1961 年，苏联航天员尤里·加加林在"东方 1 号"飞船出发之前，他通过广播向全世界发表了著名的演说："再过几分钟，巨大的宇宙飞船就要把我带入浩瀚的宇宙，首先我想到了落在我肩上的巨大责任就是成为第一个为人类走向太空而铺路的人，成为第一个实现世世代代人们所向往的东西的人。"

尤里·加加林

太空罢工

　　起初进入太空时，航天员被安排的工作任务是非常紧凑的，几乎没有空暇时间去观察和思考舱外所处环境到底是怎样的。1973 年，由于地面指挥中心对航天员的任务过度安排，"天空实验室四号"的一组航天员举行了一次罢工，他们关掉了他们的所有无线电设备，切断了与地球的联络，然后打开窗户花了一整天的时间来观测和思索宇宙环境。一位航天员就在日记中写道，"我们被地面控制中心安排得太满了，我们整天只是在忙碌，虽然这里的视野是令人感到惊叹的，但这样的工作任务却是令人厌烦和感到乏味的。"

　　在这次的罢工之后，美国 NASA 同意在给航天员安排工作任务期间，也兼顾给他们一些闲暇空余时间，让他们去浏览和欣赏宇宙，同时也给他们留一些思考的时间。

在"天空实验室四号"工作的航天员集体罢工

冰淇淋派对

　　在我们的印象中，航天员吃的冰淇淋应该都是像纪念品商店里卖的那种经过冷冻干燥的小袋装的冰淇淋，但事实并非如此，航天员吃的冰淇淋都是新鲜且美味的。因为最初空间站里的冰箱塞满了各种用于科研的实验样本，在这里存放冰淇淋就很不方便，所以在之后的任务中，太空实验室和宇宙飞船里都会配备得力的冷冻装置来运载新鲜冷冻的冰淇淋。为此，在太空实验室的航天员们还特意举行了冰淇淋派对，全体航天员们聚在一起吃着香草味的冰淇淋看着窗外美丽的太空景色。这是多么的惬意！

在举行冰淇淋派对的航天员

（14）

航天员的日常见闻

为什么航天员们使用的"货币"是曲奇饼干？为何在太空中会有家的感觉？在太空失眠是一种怎样的体验？航天员眼中的云层和极光是什么样子的？……这些你所好奇的航天员们的太空生活和他们在太空中的所见所闻，都将在这章为你一一解密。

长期在太空生活的感受如何？

关于太空生活，一些长期生活在太空的航天员感觉这是场乏味的旅行，而大多数航天员则感觉太空生活就像在家里生活一样的舒适。

美国一位在太空中连续生活了 215 天的航天员描述了他的感受，一开始有点担心长期太空生活会像马拉松一般的漫长，甚至担心因为长期无聊的生活会想家，但后来他发现太空生活与地球生活极其相似。他说："我在太空里生活就像是在地球上生活一样，长期太空旅行不仅没有让我感觉无聊，反而会使得我有更多时间去适应和体会，可以欣赏窗外的风景，可以在窗边读书和写字，甚至可以给朋友打打电话。"

太空生活如同"在家里"生活一样

在太空中失眠是一种怎样的体验？

众所周知，失眠是痛苦的，但进入太空后，失眠却会给人带来一种奇妙的感觉。曾经伊朗的第一个进入太空的女航天员因为太过激动以至于始终无法入睡，她说："我知道自己能待在国际空间站里的时间并不是很多，所以我想一直透过窗户去看地球、看星星，并希望把自己看见的所有星体都拉进空间站里。"这种紧迫而又欣喜的感觉促使着她开始尝试整夜不睡，但等到准备乘坐飞船返回地球时，她却因为睡得太少而困得眼睛都睁不开了，没等到飞船再入地球大气层之前就睡着了，这让她的同事们惊讶不已。当飞船穿越大气层时，因为飞船与大气之间的摩擦而

被橙色光芒叫醒的航天员

燃烧产生的橙色光芒惊醒了这位熟睡的伊朗航天员。

哪种昆虫在太空中最自在？

太空中的昆虫们

无论是航天员，还是昆虫，在太空生活的首要任务就是掌握"空间飘浮"的技能，许多带有翅膀的昆虫经常被航天员带入太空，但它们的表现却大多不尽人意。例如蝴蝶会胡乱地撞到空间站里的栏杆上，蜜蜂会在笼子里不停地翻滚却始终无法飞行，对于喜欢拍打双翅在墙上走来走去的家蝇来说，在太空中的飞行可不怎么讨它欢心。但这些昆虫中也不乏优秀的佼佼者，飞蛾就是其中一个，它成功地适应了太空中的失重状态，能够毫不费力地从一个地方飘浮到另一个地方。

太空 "货币"

　　在国际空间站中的实验室里，航天员们用甜甜的曲奇饼干发明了属于他们自己的"货币"。由于在太空中的航天员受失重和冻干食品的影响，吃饭可谓是味同嚼蜡，为此地球上的营养师们在飞船起飞之前就会为航天员们烘焙出来许多甜甜的曲奇饼干，而这些甜甜的小饼干就被航天员们视作是最重要且最有价值的"财产"。当他们需要其他的航天员帮忙时，他们就需要"收买"一个同事，代价嘛，就是放弃他们那一块让所有人都梦寐以求的甜甜饼干。

被航天员用作交易的曲奇饼干

在太空看极光

　　极光是由太阳辐射出的带电粒子与地球两极的大气分子相互冲击所创造出来的。太阳辐射出的带电粒子受到地球磁场的作用，折向汇聚于地球两极，然后在地球两极爆发，爆发时就好像在几千千米外的太空中，上演了一场巨大而奇妙的激光秀。

　　航天员们为这美丽的极光所着迷，一位加拿大航天员曾说他在太空漫步时有幸观看到了极光闪耀的情景，而且这种景象让他永生难忘。他说："我们在太空中用肉眼看到的极光颜色要比从相机中看到的生动得多，极光放射出绿色、红色、紫色，好像是飘在太空中的彩色丝带。"

正在看极光的航天员

打扰航天员的"闪光精灵"

一位著名的太空摄影师曾经说:"在太空里,每隔几分钟,就会有一些无形的东西造访一次空间站,感觉它们就像一种'闪光精灵'。平时这种'闪光精灵'的细微闪光很容易被我的眼睛忽视掉,但每当我在即将睡着的那一时刻,就会迷迷糊糊地看见它们的造访。"

事实上,这种"闪光精灵"就是宇宙射线与航天员视网膜作用的产物。进入太空,由于没有大气层的阻拦,宇宙射线就会直接穿透空间站舱体而进入人体。当一束宇宙射线穿过航天员的视网膜时,就会引起视杆细胞和视锥细胞的灼热,然后航天员们就会感受到那些无形的东西——"闪光精灵"。此外,宇宙射线还会攻击空间站里的电子仪器,例如宇宙射线会导致空间站里的笔记本电脑死机,导致数码相机像素削减,使数码图像文件覆盖一层电子雪,甚至还会让数码相机遭受永久性的损伤。

覆盖电子雪的图像

从太空观察的地球云层是什么样的？

　　在太阳系中，地球云彩是最奇妙的景观之一，而且它们时刻都处于变化之中。航天员从太空中看地球时，看到的地球表面绝大部分被海洋和云彩覆盖着，那些飘浮在地球上空的云彩则被航天员们视为自己独有的伴侣。

　　曾三次进入太空的一位美国航天员对观察地球云彩十分感兴趣，他总结出了在太空中观察地球云彩的变化规律："当狂风暴雨时，海洋上空的云层呈现出规则形状，而且非常厚重，好像是一块砧板；当傍晚黄昏时，从云层反射出来的阳光会呈橙红色光环；当夜晚时，从云层顶部折射出来的光线则是月光。"

在太空中观察云层的航天员

⑮

从太空看地球

　　航天员们在太空中除了完成一些棘手的任务外，还能欣赏太空中的美景。那些在地球上看到的闪亮的星空、耀眼的日出、皎洁的月亮以及繁华城市的夜景，在航天员眼中会是什么样的呢？本章将带领大家一探究竟。

在太空中眺望星星

在国际空间站里，一名航天员是这样描述他所看到的奇妙景象，他说："当我朝外面看的时候，会看到星星和行星，偶尔也会看到流星划过；当我向更远处眺望时，还可以看到那些太空垃圾，由于它们不规则地捕捉光线，并且一直处于旋转的状态，所以它们时明时暗，甚至不易被发现。除此以外，我还可以看到地球同步轨道上的卫星和极地轨道上的卫星。当这些卫星正好在我头顶上时，我是看不到的；但当我距离它们很远的时候，我就能看到它们。它们就像是一个个短暂耀斑，持续几秒钟闪耀的光芒，然后褪色湮没在茫茫的太空中。"

正在太空眺望星星的航天员

自己吓到自己

　　第一次进入太空的航天员都需要一段时间才能适应太空中的日常生活。例如，在地球上睡觉，我们有时候会被噩梦惊醒，但不会被吓到。而在太空里睡觉则截然不同，当置身在太空中的航天员入睡时，他们的手臂是不会乖乖地停留在自己身边，而是浮在空中。曾经有位航天员睡觉时被悬浮在空中的手臂吓到了。

　　不仅如此，有时候航天员裹在睡袋里熟睡时，只是简单地用绳子和夹子把自己捆在扶手上，当他们在半夜突然醒来的时候，就会看到

被自己吓到的航天员

"怪物"在他们的眼前飘来飘去，于是被吓得魂不守舍，其实这个可怕的"怪物"就是他们自己的手臂。

在太空中看日出

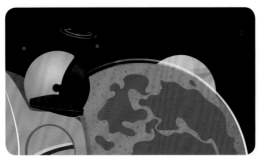

航天员在太空看日出

日常生活中，我们只有赶在清晨五、六点才能在山顶或海边看到美丽的日出，而在地球轨道上，航天员每90分钟就能看到太阳从地球上升起一次。有位美国的航天员曾在太空中的365个小时里目睹了240多次的日出，他说："我觉得在有限的生命中能在太空轨道上看到日出是一个值得纪念的事情。我们可以大胆想象一下，当我们站在窗前看着窗外一片黑暗，包括黑色的地球和黑色的太空。突然，在太阳出现的那一刻，大气就像一个棱镜，将太阳的白光折射成七种颜色。我们会看到彩虹，开始是深靛蓝，然后随着太阳越升越高，还会看到红色、橘色和绿色，这些绚丽的颜色让我们百看不厌。"

地球就好像是一个蓝色球形装饰物

1968年，"阿波罗8号"飞船首次脱离地球引力，绕月飞行并远眺月球表面，航天员们透过舱内悬窗看到地球从月球表面升起的景象，其中一位航天员曾回忆说："看着这个十分精美、缤纷多姿的星球从光秃秃、丑陋荒凉的月球陆地上升起，对我来说就像是看到一个挂在圣诞树上的装饰品。这一幕深深地印在我的脑海里。这个装饰圣诞树的蓝色星球，在浩瀚的宇宙中是那么的不起眼，看起来是那么易碎，但这是我们唯一赖以生存的家园。"

航天员正在眺望蓝色的地球

航天员的"私人后院"

　　大多数航天员通常都是执行那些持续一周或两周的任务，所以在太空中待的时间相对较短，而对于那些执行长期任务的航天员来说，在太空中度过几个月的经历非同寻常。有一位航天员在回忆他曾在国际空间站或长或短的停留过程时说道："这段时间会让你学会如何在这个崭新的环境里真正的生存。当你在执行短期任务的过程中凝望地球时，你大概只能看到地球生物生存的快照。但是当你在那儿停留几个月时，你会发现你在看一个充满生机的、一直在呼吸的有机体系。在我的短期任务中，我会在太空行走时俯视，注视着这个星球最美丽的部分，并惊叹道：哇奥！我们在哪里？而在我的长期任务中，我有四五个月都在观察窗外的景象。在我太空行走时，我真的有种来到自己的私人后院的感觉，我不会再问任何人我们在哪儿。"

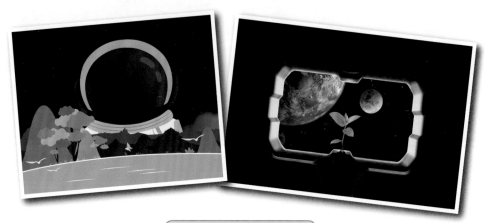

航天员的"私人后院"

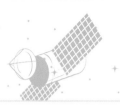

尿液冰柱

即使飞行数百万千米，还是无法逃避生命存活的客观问题。当航天员在地球表面数百千米之外的太空轨道上时，他们依然需要吃饭、睡觉以及大小便。为了解决航天员日常生理需求的问题，美国航天飞机通过一个排泄系统将航天员的液体废物排放到太空中。而在 1984 年的一次太空探索中，"发现号"航天器的废水通风系统突然失灵，导致航天器底部形成了一个非常大的尿液冰柱。因为意识到冰柱会在返航时破裂，并损坏航天器上的隔热层，对航天飞船造成伤害，所以航天员不得不用飞船机器臂将其打碎。尽管航天器的隔热层保住了，但航天员不得不关闭尿液收集系统。这场危机虽然得以化解，但航天员们在这次飞行任务的剩余时间里，却没有厕所可以用。

存在危机的尿液冰柱

很难辨认地球上的城市

每当在天气晴朗的夜晚时，我们总能在天空上看到一闪一闪的星星。但由于太空中的夜晚漆黑一片，所以想要区分地球、月亮和星星这些不会发光的星体是很难的。正如一位航天员所说的："我们的载人飞船在每个轨道上运行时都会有一段时间将我们带到地球背面的一侧。再加上在太空中的夜晚非常黑，所以想要对这些星体进行观察就有一定难度，但这也并不意味着没有什么可以值得注意的地方。我们还是会从飞船的舷窗里看到太空中有许许多多耀眼的闪光点，但在这黑暗的夜晚，我依然很难准确地告诉地球上的人们，这些耀眼的光芒到底是来自恒星，还是来自地球上的这些闪烁着灯光的小城市。"

从太空中看发光的城市

⑯

神秘的月球

月球探秘

月球是地球唯一的天然卫星。古人认为地是平的，天空是一个巨大的罩子，叫作天球，而月亮嵌在这个天球之中，随着天球转动。月球离地球很远，直到20世纪60年代，人类才第一次登上月球。

月球围绕地球转一圈的时间是29.5个地球日

月球与地球之间的距离为384 400千米。利用今天的航天技术，把航天员送到月球需要花费3个地球日的时间

"阿波罗11号"飞船着陆位

外核（液体330千米）

月壳（固体55~150千米）

月幔（固体1 200千米）

部分熔岩（黏质480千米）

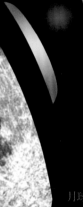

月球核心（固体240千米）

月球探索历程

1957年10月4日

第一颗人造卫星被送入太空

1947年2月20日

果蝇被送入太空

1957年11月3日

第一只动物被送入太空

1969年7月20日

"阿波罗11号"的航天员在月球上插上了美国国旗。

1965年3月18日

苏联航天员阿列谢·列昂诺夫在"上2号"飞船的飞行期实现了出舱12分钟太空行走。

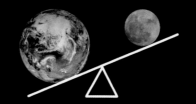

月球的体积
是地球的
1/49

月球的质量
是地球的
1/81

月球的形成

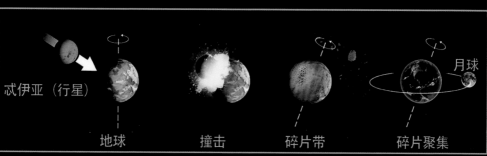

忒伊亚（行星）

地球 　　　　撞击 　　　　碎片带 　　　　碎片聚集

月球

同步绕转
月球自转一圈正好与月球围绕地球旋转一圈同步，所以我们在地球上总是看不见月球的背面。

-23摄氏度（℃）
这是月球的平均温度。当阳光照射月球表面时，温度为123℃,当阳光离开月球表面时，温度则为-233℃。

月球的重力是
地球的1/6

当你在地球上的体重是100千克时，在月球上的体重则不到17千克。

年10月8日

SA成立

1959年4月9日

美国挑选出第一批航天员

1959年8月

苏联挑选出一批航天员进行太空飞行。

1959年9月12日

苏联的探测器"月球2号"撞向月球。

1963年6月

苏联捷列什科娃是世界上第一个进入太空的女航天员。

1961年4月12日

世界上第一个进入太空的苏联航天员加加林。

17

飞向火星

火 星

火星因其表面是红色的，所以中国古代人称它为火星。直到很久以后，望远镜揭示了火星不仅仅是一个红色亮点，在相当长的一段时间内，人们都把发现外星人的希望寄托于火星，甚至撰写了不少关于火星人的科幻小说。

火星到地球的最近距离约为5 570万千米，最远距离约为40 100万千米。

因为火星轨道不[...]于地球轨道，所以每2[...]个月有一次发射窗口

火星表面的大气压力是地球表面大气压力的0.7%。

薄薄的大气层中包括：
95.32%的二氧化碳
2.7%的氮
1.6%的氩
0.13%的氧气
0.08%的一氧化碳

实心[...]

液态铁化硫核　　火星幔　火星壳

火星探索历程

公元前50年—红色星球
Mars

由于火星颜色鲜红，所以火星也被称为"红色行星"，并以罗马战争之神Mars的名字命名

1609年—火星轨道计算

德国天文学家约翰尼斯·开普勒计算出了火星轨道的形状

1659年—第一次观察火星表面

荷兰科学家克里斯蒂安·惠更斯通过使用望远镜观察火星，发现火星每24小时40分钟旋转一周

2020年—未来

中国2020年的首次火星探测将实现"环绕、着陆、巡视"三个目标，这是其他国家第一次实施火星探测时所没有的

2012年—火星车

"好奇号"火星车是四个漫步在火星上的火星车中最新、最大的，并已经抵达盖尔环形山

2001年—马斯克要在火[...]

马斯克策划了[...]叫"火星绿洲"[...]目，计划把一个小[...]验温室降落在火星[...]提出要在火星上建[...]

火星自转天
是地球的
1/2

火星的质量
是地球的
1/10

火星围绕太阳旋转一圈需要花费687个地球日，所以火星的一年就是687个地球日。

火星有两颗卫星，他们表面布满了陨石坑。其中"火卫一"比"火卫二"大，"火卫一"的轨道正在降低，而且逐渐靠近火星，"火卫二"正慢慢远离火星。

火星一天是24小时39分钟35秒，所以火星完成一次自转需要24小时39分钟35秒。

火星的平均温度为-55℃。在夏天太阳照射期间，火星赤道附近温度高达20℃，但夜晚没有阳光照射期间，温度则为-100℃。

火星表面的风速最高可达144千米/小时。

❄ 最近，人类已经发现火星上有水。火星上的水是以气态、冰和雪的形式存在。

火星上最高的山是奥林匹斯山，高度达26千米，也是太阳系中最高的山。

1863年—绘制了第一张火星地图

意大利天文学家安吉洛·西奇画出了第一张火星有色地图。

1877年—发现火星周围的卫星

美国天文学家阿萨夫·霍尔发现了火星的两颗卫星，"火卫一"和"火卫二"。

1924年—估测出火星表面的温度

美国天文学家爱迪生·佩蒂特和瑟思·尼可尔森使用胡克望远镜估测出火星表面的温度，并得出风和温度是季节性变化的结论。

—发现火星自转轴倾斜角度

国天文学家威廉·赫
火星自转周期测量，
的自转轴倾斜角度为

1984年—火星陨石

南极洲的艾伦丘陵发现了陨石ALH84001。它是1 600万年前从火星上掉落下来的，13 000年前到达地球。

1971年—第一艘火星轨道飞行器

"水手9号"是第一个在除地球以外的行星轨道上运行的航天器，它发现了休眠的火山、巨大的峡谷系统和被流体侵蚀的迹象。

1965年—第一艘抵达火星的航天器

NASA的"水手4号"航天器第一次成功飞越火星，拍下了火星南半球的21张图片。

火星探索

火星探索是指人类为了揭开谜团，一次又一次向火星发射空间探测器，对火星进行的科学探测活动。

地球上有那么多东西要学，为什么还要研究火星？

虽然火星在一些重要的方面与地球截然不同，如火星体积比地球小一半，很可能不支持生命的存在。但火星和地球也有很多相似之处，如火星上有大气层、风、云、天气和沙尘暴，火星上的极地冰帽、雪堤和冰川也与地球有惊人的相似之处。所以，研究火星可以让我们对地球有更多的了解。

标志性成果

1965年7月15日，美国的"水手4号"成为第一个飞越火星的飞行器。

1971年11月14日，美国的"水手9号"成为第一个进入火星轨道的飞行器。

1971年12月2日，苏联的"火星3"着陆器成为第一个在火星实现软着陆的探测器。

1996年12月4日，美国的"旅居者号"成为第一个在另一个星球上行走的漫游者，行走了84天。

2018年11月26日，"洞察号"火星探测器着陆火星表面。

2018年11月26日，"火星 A"和"火星B"飞掠火星，在"洞察号"登陆火星的过程中提供中继通信，开启了星际立方体卫星的新时代。

火星车的分布情况

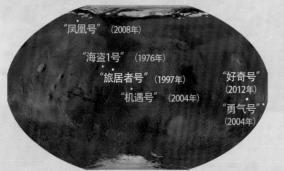

"凤凰号"（2008年）
"海盗1号"（1976年）
"旅居者号"（1997年） "好奇号"（2012年）
"机遇号"（2004年）
"勇气号"（2004年）

2015年8月5日，"好奇号"火星探测车在下坡山钻一个名为"鹿皮"的岩石目标。

三代火星漫游者的尺寸对比

勇气号 和 机遇号
好奇号
旅居者号

未来火星探索

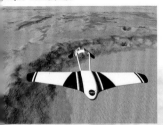

　　火星大气中的上升气流可以使滑翔机保持飘浮数周甚至数月。在火星探索中，未来可以采用滑翔机去执行更严峻的、远距离的火星探索任务。

火星基地

　　未来NASA计划建立火星探索基地，基地包括运输车辆、栖息地和电力系统，所以需要安全的、经济的高性能材料。

火星探测器的下降与着陆过程

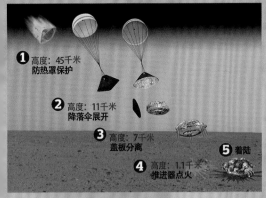

❶ 高度：45千米
防热罩保护

❷ 高度：11千米
降落伞展开

❸ 高度：7千米
盖板分离

❹ 高度：1.1千米
推进器点火

❺ 着陆

火星数据的返回

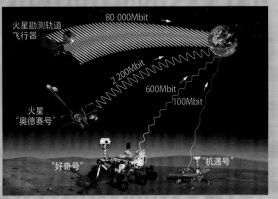

火星勘测轨道飞行器

80 000Mbit

2 200Mbit

600Mbit

100Mbit

火星"奥德赛号"

"好奇号"

"机遇号"

全景相机

导航相机

微热放射光谱仪

超高频天线

低增益天线

高增益天线

磁阵

太阳能电池阵列

后视危险镜头

前视危险镜头

机械臂和仪器

火星奇观

进入航天时代以来，特别是进入21世纪以来，火星轨道探测器和火星着陆机器人发回来了几十万张火星照片，这些照片中有很多奇怪景观，甚至会使人们联想出奇怪的生命信息。

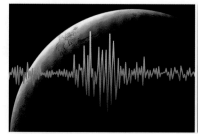 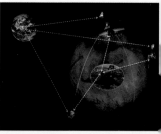

发现外星灌木丛

火星轨道器（The Mars Global Surveyor，MGS）在火星轨道运行时使用一个窄角相机拍照。拍照的图像与地球上的树木或灌木进行比较，相似之处令人毛骨悚然，火星上的这些树木或灌木是巨大的。

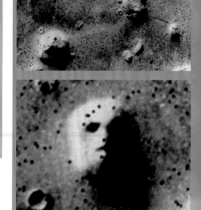

火星脸

"火星脸"是由美国"海盗一号"探测器于1976年7月拍摄的一张照片。照片上，火星表面惊现一张人脸的形状。

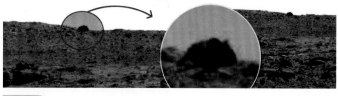

火星鼠

火星鼠是在"好奇号"2013年3月拍摄的一张照片里发现的。这只老鼠在网上掀起了一场风暴，甚至有了它自己的微博账号。

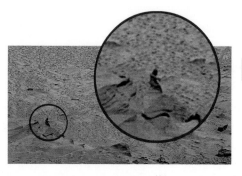

大脚怪女郎

2007年"勇气号"在火星表面发现在红色星球的一处山坡上，一个脑袋硕大、如同"大脚怪"的黑色身影正挥着手臂走下火星山坡。外星人爱好者希望它最终可以成为火星上存在外星生物的一个信号。

火星金字塔

外星人爱好者在分析"好奇号"发回的照片时，发现了一座金字塔建筑，这或许可以证明火星上曾经拥有着外星文明。

经专家分析，这个金字塔可能是火星上最大的金字塔，它的宽度为3千米、高度为1千米，比埃及、墨西哥，或者曾经的苏美尔人建造的金字塔都大得多。

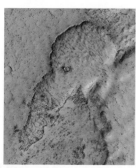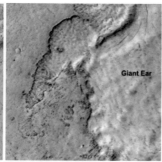

Giant Ear

巨大的象

美国火星勘测轨道飞行器拍摄的一张照片呈现出一只大象的前额和耳朵。实际上，这是火星表面干涸的熔岩洪流形成了大象的眼睛和鼻子。

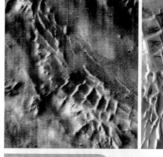

火星"文明遗址"

火星探测器发回的照片是沙子堆积在火山岩石上，岩石以自然的网格图案布局，也许只是一个古代文明城市的遗址。科学家推测，这里曾经有一个撞击坑，下面有裂缝网格。突然某一天，热的岩浆从地下出现，挤进裂缝，然后冷却并凝固。过了一段时间，火山口的岩石磨损没有了，但是较强的火山岩留在了后面。

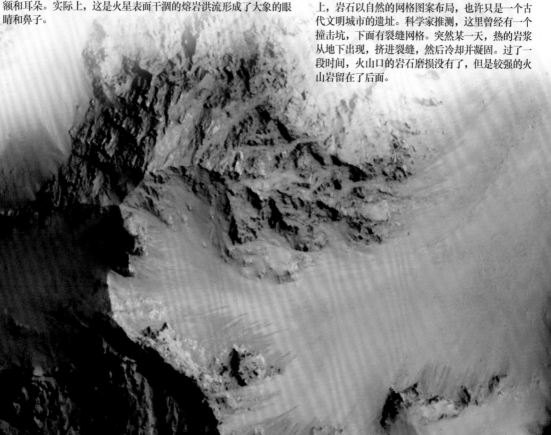

火星上有生命吗?

从历史上看，很多人相信在火星上存在生命，并通过各种媒体给予介绍，如杂志、漫画、小说、广播、电视和电影，那么火星上真的存在生命吗?

两百多年前

18世纪80年代，天文学家威廉·赫歇尔发现火星两极会呈现出季节性的变化，并指出其上的居住者很有可能处在一种与我们相似的环境中。

人造运河

1863年，意大利天文学家安吉洛·西奇（An Secchi）画出了火星的第一张有色地图。1879年，意大利乔范尼·弗吉尼奥·夏帕雷利（Giovanni Schiaparelli）出了更加详细的火星地图，包括细纹标记，意大利语"channels"，英语版本错误翻译为"canals(运河)"。

智慧行星

1896年，天文学家帕西瓦尔·罗威尔使用位于亚利桑那州的私人天文台中口径 60cm 的折射望远镜来观察火星。受到夏帕雷利"运河"的启发，在他撰写的书中 Mars as the Abode for Life 提出："火星是可能有智慧人居住的星球。"

火星人报道

20 世纪 20 年代，一份关于火星人的报纸报道和"他们有非常大的鼻子、耳朵和巨大的肺，它们的脚育不良，因为火星上的引力比地球上的引力小。"

一百年前

对智慧火星生命的研究在20世纪初达到了顶峰，当时一位名叫普雷西亚瓦尔·洛厄尔的富商在亚利桑那州建立了自己的天文台，开始研究火星。

宇宙的战争

1938 年，火星有人居住的观点在科幻小说中非常流行。于10月30日，奥逊 · 威尔斯（Orson Welles）根据赫伯乔治 · 威尔斯（H.G. Wells）的原作演出了广播剧"宇宙战争"（War of the Worlds），并用一种新闻节目的风格让众相信火星入侵者正在接管地球。

火星微生物

1984年，南极洲的艾伦丘陵发现了陨石ALH84001。它是1 600万年前从火星上掉落下来的，13 000年前到达地球。ALH84001中很可能包含着微生物化石的结构。

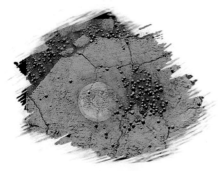

大人发现了37.7亿年前属于火星生物的化石

2017年3月2日，两位大学研究者宣布他们发现了43亿至37.7亿年前可能属于火星的生物化石，这一发现预火星上曾经可能有生命，火星人曾到达地球。

火星昆虫

2019年11月20日，在美国昆虫学会的年会上，一位美国的科学家认为"火星曾经有生命，现在仍然有生命。"同时，还宣布在火星上发现了类似昆虫生命存在的证据。

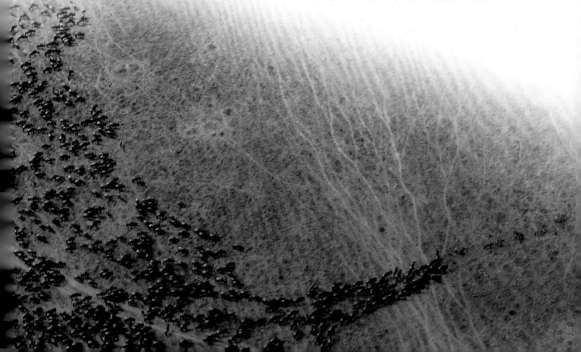

18

航天服的演变

太空对人体的威胁

人体已经适应了地球上的生存条件，所以当我们离开我们的星球时，许多奇怪的事情会发生在我们身上。

蜘蛛飞行-步行者航天服(未来)

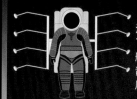

为了抓住"火卫一洛克希德 · 马丁公司了"蜘蛛飞行者"的设航天服有"八条腿"，箭驱动，可以在火星爬行、行走或跳跃。

航天服的历史与未来

航天服保护人体在太空中不受低温、射线等侵害，提供给人类生存所需的氧气，是人类在太空中的保护服。

"水星计划"的航天服（1961—1963）

在"水星计划"中，为了保护第一批航天员免于遭受突然的压力，NASA改进了美国海军的高空喷气式飞机的压力服。内层是用氯丁橡胶涂层的尼龙制作，外层是镀铝尼龙（为保持航天服内部温度）。

"双子座"计划航天服(1965—1966)

"双子座"计划航天服增加了一些"辅助"设施，使其比"水星计划"航天服更加舒适。例如，可以连接一个便携式空调，让航天员感到凉爽。

许多航天员丧失视力，虽然不知道具体原因，但推测是由于头部压力增加造成的。宇宙射线产生瞬时闪烁的光，也可能是原因之一。

在地球上，重力压缩了我们的脊柱。当重力较弱时，脊椎骨之间的空间会扩大，因此，航天员在太空中身高也会增加。

在太空中，身体不需要肌肉来支撑。随着时间的推移，它们变得越来越弱，甚至退化。航天员必须每天锻炼，防止这种情况发生。

血液通常在重力作用下，流向我们的脚部。但在太空中，血液流向头部，使航天员的脸浮肿。

"双子座"太空行走的航天服(1965—1966)

为了抵御恶劣的太空环境，航天服通过一条为航天员提供氧气的软管，将航天员与宇宙飞船连接起来。一旦出现问题，这种航天服可以提供长达30分钟的生命支持保障。

"阿波罗"太空行走航天服(1967—1975)

"阿波罗"计划把航天员带到月球表月球行走需要防护层来阻挡细微的风化物像玻璃一样锋利的灰尘）、抵挡由日照变化的气温变化。航天服安装齿轮增加拾取月石的灵活性以保证航天员在飞船外持续工小时。这种航天服配有十几层织物、厚鞋强大的生命支持系统。它们在地球上的质过180磅（约为81.65千克），但在月球较力场中，它们的重量仅为地球的六分之一。

行星表面航天服(可能在21世纪30年代研制成功)

它是NASA用于让航天员在月球或火星表面工作而设计的轻型、高耐久性航天服。这款航天服用于收集样本、操纵进出栖息地的漫游车。

宇宙辐射、压力、失眠和试图重新定向身体平衡系统意味着航天员的大脑在太空中需要持续不断地适应。

在太空中，心脏不必努力地在身体周围泵血。因此，心脏可能会收缩，这可能导致航天员在返回地球的时候出现问题。

就像我们的肌肉一样，在微重力下，身体不需要骨骼支撑。如果不经常锻炼，骨骼就会恶化，变得脆弱。

星际客机航天服(2019)

这是一款波音公司设计的、重达12磅（约为5.44千克）的亮蓝色航天服，用于星际飞船。

"龙"航天服(2019)

埃隆·马斯克的太空探索技术公司设计了一款光滑的航天服，以保护航天员从"龙"飞船前往国际空间站。

发射及再入航天服

这款22磅（约为9.98千克）重的航天服与航天飞机的航天服非常相似，它用来保护宇宙飞船上的航天员。

航天飞机航天服(1988—2011)

由于航天服的颜色是明亮的橙色，所以也被称为"南瓜航天服"。这款航天服配有手套，通过手套不仅可以切断手腕上的锁环，还能进行控制液体冷却和改进通风等操作。

第一套航天飞机航天服(1981)

"哥伦比亚号"搭载了两名航天员进入太空，因为航天员不需要出舱，所以他们只穿了一件紧急弹射逃生服，这是美国空军高空压力服的改良版。

舱外活动航天服(1983年至今)

这款具有14层的加压航天服可以抵挡太空中的恶劣环境，能让航天员存活8个多小时，在地球上的质量接近320磅（约为145.15千克）。这款航天服还有一种类似喷气背包的装置，可以让航天员自由飞行。

19

动手设计空间站

我的空间站生活

我设计的太空舱——生活舱

设计关键词：吃饭、睡觉、上厕所、锻炼、娱乐

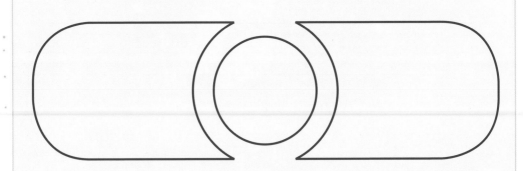

设计人签名_____

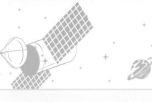

我设计的太空舱——控制舱

设计关键词：操作台、显示屏、座椅、自动控制、手动控制

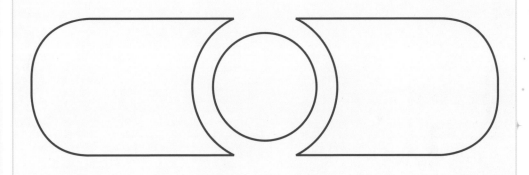

设计人签名＿＿＿＿＿＿

㉇

航天词汇填字游戏

	1							
		三				九		十一
				2				
				六				
3								
	二						4	
					七		十	
5		6						
		五						
	7							
8		9			10			
一								
		四		八				
	11							

横行

1. 指存在于宇宙中的一种不可见的物质。

2. 在夜晚看上去，它是最亮的恒星，在古代中国，人们称它为"天上之狼"。

3. 它是一种计算机局域网技术，也是目前应用最普遍的局域网技术。

4. 它是由稀薄的气体或尘埃构成的巨大云团。

5. 它是位于彗星中心的固体部分，是由岩石、尘埃和冰冻等物质组成。

6. 登上月球第一人的名字。

7. 它是由同相且互相垂直的电场与磁场在空间中衍生发射的震荡粒子波。

8. 它是发电厂的简称，有时它也是小区配电室或工厂变电所的简称。

9. "罗经仪"是它的同义词，古人经常用它探测风水。

10. 它是我国航天远洋测控船队的名称。

11. 它是美国、欧洲和加拿大联合研发的太空望远镜，也是哈勃空间望远镜的继任者，但发射日期却被一推再推。

纵列

一、它是指电解质在特定的溶剂中被离解成可以自由运动的带电离子的过程。

二、如果把核反应堆放在卫星上，就可以形成它。

三、它也被称为"万物相连的互联网"，它将各种信息传感设备与网络结合起来形成一个巨大的网络。

四、它是指船舶靠于码头、泊于锚地或系于浮筒。衍生到航天领域，是指飞船靠于空间站。

五、它是古希腊神话中的光明和医药之神，也是宙斯和勒托之子，还是美国登月计划的名称。

六、它是指以地球质心为中心，半径为任意长的一个假想的球体。

七、他是美国航天企业家，梦想到火星退休的人。

八、它是一个汉语词汇，意思指登高远望。

九、它也被称为"星象学"，是用天体的相对位置和相对运动来预言人们的命运和行为的方法。

十、它是一款赢得了天文学家和业余爱好者认可的品牌望远镜。

十一、它是天文学的专有名词，它位于太阳系的边缘，是一个包裹太阳系的巨大球状云团。

答案：

	1 暗	物	质（三）			占（九）		奥（十一）
		联		2 天（六）	狼	星		尔
3 以	太（二）	网		球		术		特
	空					马（七）	4 星（十）	云
5 慧	核			6 阿（五）	姆	斯	特	朗
		7 电	磁	波		克	特	
8 电（一）	站		9 罗	盘		10 远	望	号
离		停（四）			瞭（八）		远	
	11 韦	伯（泊）	太	空	望	远	镜	